U0011495

創業。從1開始

Starting from ONE

從 0 到 1，不靠富爸爸，不用白手起家

林克威 著

連續創業家、
FlipWeb數位資產仲介創辦人

推薦序
創業未必一勝九敗，也毋須從 0 開始

臺灣電子商務創業聯誼會共同創辦人
內容駭客網站創辦人　鄭緯筌

　　回顧我的職業生涯，無論是在《數位時代》雜誌擔任主編，或是後來跟幾位業界朋友共同創立了臺灣電子商務創業聯誼會（TeSA）──這個臺灣最大的電商社群，幾乎都和創業這檔事脫不了關係。

　　當年還在媒體服務的時候，因為工作關係我常與許多新創圈的朋友為伍，不是採訪、報導他們光鮮亮麗的創業故事，就是聽這群創業家在背地裡吐苦水、分享難以公開抒發的心事。而後當我創辦了 TeSA，則開始轉換身分，站在第一線輔導與協助更多朋友，走上電商創業的道路。

　　甚至可以說，這些年我不是在創業，就是走在通往創業的道路上。

基於對創業生態圈的關注，這幾年來我也拜讀許多有關創業的書籍，像是《從 0 到 1：打開世界運作的未知祕密，在意想不到之處發現價值》、《讓大象飛：矽谷創投教父打造激進式創新的關鍵洞察》等等。這些書籍的作者若非學者、專家，不然就是事業有成的企業家，透過書寫的方式現身說法，跟世人分享他們對創業的洞見。

　　但我也發現，隨著時代的演進與科技的日新月異，大家對於創業的想法與做法也開始產生了一些變化。舉例來說，前陣子我剛讀完「樊登讀書」創辦人樊登所撰寫的《低風險創業》，這位事業有成的創業家就主張創業未必等同於高風險，而是應該設法降低風險，抓住非對稱交易的機會，進而撬動財富槓桿。

　　創業既然不是一勝九敗，也未必事事都得從 0 開始。所以，當我看到林克威先生所撰寫的《創業。從 1 開始》，便感覺心有戚戚焉。本書作者結合他過往在國外求學所涉獵的資訊，加上自己創業的經驗，整理出一套可以站在巨人肩膀上謀求發展的策略，可說是相當適合臺灣人參考的創業邏輯。

　　一如作者所言，如果別人已經幫你打好地基，為什麼還要苦苦地從 0 開始呢？其實很多關鍵的成功在於技術、創意或創新，所以如果你可以利用別人已經創新好的想法把它發

揚光大，這或許是一個不錯的捷徑。

在這個超級個體崛起的時代，創業將成為很多人可能會面臨的選項或抉擇，無論你是否立刻選擇加入創業的行列，我相信，一定也會認可一件事：我們都需要內建創業思維。

創業，應該是讓人愉悅的事。如果你想試試不同的創業方式，我很樂意推薦《創業。從 1 開始》這本書。

自序
一起迎接數位資產的世界

　　本書的緣起是希望因應數位與網路世代的浪潮到來，提供其他不一樣的創業方式，也想把我在國外念書所看到的經驗分享給大家。據研究發現，90% 的成功者來自於中高階級，如果是靠窮苦翻轉命運變富翁的機會幾乎微乎其微。所以在這個社會裡更需要多一點不是從 0 開始的創業，如果別人已經幫你打好地基，為什麼還要苦苦的從 0 開始呢？其實大多成功的關鍵在於「技術」、「創意」或「創新」，所以如果你可以利用別人已經創新好的想法使其發揚光大，這或許是一個不錯的捷徑。

　　創業是很艱難又複雜的事，沒有人知道創業之後會碰到什麼問題，每個人都會幾乎一致的告訴你，創業和他們想像的完全不同。創業的領悟無法用言語形容，但是如果你曾經有這個想法，或是想要努力為你的人生做一些不一樣的抉擇，歡迎你搭上這個創業列車，你必須學會如何讓創業不用從 0 開始的做法。

我相信接下來是數位資產的世界，在農業時代奠定了土地資產買賣的基礎，那現在數位時代的你，一定要瞭解如何把數位資產有效的利用與兌現並抓緊這個浪潮，讓自己留有一點數位資產的痕跡。

我很喜歡看商業雜誌，這些雜誌也常常報導一些成功人士，把他們的故事寫得曲折又戲劇，但是要如何將這些勵志故事變成自己的，這就是值得挑戰的地方。我從不吝嗇投資自己，也會花很多時間閱讀、聽講座、聽 TED，充實自己。在此，將我很喜歡的這段話送給你：

Opportunities don't happen. You create them.
—— Chris Grosser

「機會」從不無緣無故出現，他們是你創造的。
——克里斯·葛羅塞爾（美國知名攝影師）

我相信我能做到，你一定也能。這本書我花了將近一年的時間籌備，把自己在這五年內看到的數位資產環境與機會分享給大家。給第一次嘗試創業，或是想吸收更多創業知識的創業者，你一定會需要這本武功祕笈。

目錄 _____ *contents*

PART3

數位資產有多重要

PART4

培養你的數位資產

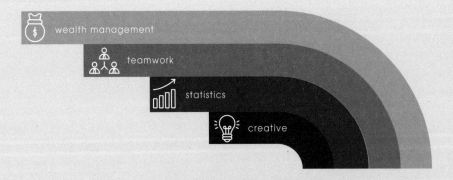

在數位時代中，
創業不等於要花大錢

Starting from ONE

PART. 1

創業需要有一種渴望不斷學習與成長的精神，很難說是一個什麼樣的過程，但一定要親身走過才有辦法體會。這和上班完全不一樣，和坐在辦公室上班更完全不同。

創業的目的就是為了賺錢（除慈善事業外），不可能有人說要創業，卻不想著如何掙錢。

問題這個錢要來得有道理，錢要來自一個大家都喜歡的服務或是產品，這門生意才有意義且實在。所以創業要選哪個服務？產品又是什麼？是不是真的可以解決很多人的問題，讓大家付錢來支持這個創業的想法？光是第一步的思考就有點複雜了。

在一般人眼裡，創業一定會「花錢」，可能初期就要準備一筆不知道何時才能回收的資金，更不用說把創業當作主業，甚至梭哈所有的資產。多數人認為自己可能不夠努力，也無法達到成功創業的目標，必定僅有少部分的人能成功創業。

創業看似困難重重，不過仔細思考一下，如果你很喜歡一個興趣，就可以動點生意腦筋，用興趣來賺錢。

我遇到的案例是一位十七歲的高中女生，經營蝦皮（Shopee）拍賣一個月可以有五萬元台幣收入，你說她都沒上課成天在家經營拍賣嗎？怎麼可能，相反地，逛買蝦皮本來就是她的興趣，在這個平台上買東西的經驗多了、看的商家廣了，自然也能抓到拍賣經營的訣竅，去做到低風險創業，而她每個月靠自己賺來的這五萬元零用錢，就是以興趣為基礎的一種創業收入。

▌▌▌ 網路，讓想創業的人看到一線商機

　　現實生活中，開一間小吃攤要一筆資金、開一間公司也要有資本額，這兩者確實都需要一定的知名度、資本、專業知識，才能完成你的創業，不過在現今網路發達與數位快速發展的時代裡，只活用電腦，也可以輕鬆解決賺錢問題，我舉些簡單的例子你就知道了。

　　假設特別愛電競的人，即使沒有實體店面，如果想販售有關電競的產品，你可以選擇架設個人網站、電商平台、部落格、或是臉書社團；你可以透過網路商店的模式來銷售產品。若因為資金不足或沒有太多成本無法向廠商訂貨，那你也可以自己找物件來製作商品，有時候，這甚至是一個更好的方法，因為可以節省更多成本，從簡單的興趣著手創業。

　　很多人花大錢想創業，但更多人忽略了：**創業不一定要花大錢**。這就是為什麼這本書取名為《創業。從 1 開始》，創業確實是一個挑戰，很多人不一定可以在創業的路上走得很出色，因為創業有壓力，你要承受壓力，創業會消磨興趣與熱誠，這是非常恐怖的事。在還沒賺到第一桶金之前，你心中的創業熱誠可能已被消耗殆盡，所以有創業的想法之外，一定要做好創業準備，若赤裸裸地從 0 開始，需要強大的心臟與足夠的勇氣，如果你沒有自信梭哈的去玩，那數位時代就提供了另一條捷徑。

　　人生只有一次，你可以自由決定要不要當下一個世代的

老闆，用現在的創業來養活未來生活，並讓生活成為支持你的工作動力。多數人一生半數的歲月都花在工作上，最厲害的人，一定是把兩者兜在一起，他們在自己熱愛的領域上表現的十分優秀，把工作與生活混在一起，看似脫離不了工作這件事，卻過著自己想要的人生。

▌▌▌ 創業心理測驗

　　創業的路上，每一個階段性的目標，都有千百種走法，並不是每個人踏上旅程後，都能堅持的一直走下去。以下準備了 15 個問題，如果你正因為要不要創業而猶豫不決，這 15 個問題，可以作為你開啟旅程前的自我評估，測看看你是否做好創業的準備了？

創業，你做好心理準備了嗎？		TEST
	Yes	No
1. 你已經有一份工作，還會想多花一點心力來創業嗎？	——	——
2. 創業會讓你很有成就感嗎？	——	——
3. 你會想利用你的興趣來創業嗎？（美妝、服飾穿搭……）	——	——

4. 如果創業能帶來你想要的人生，你願意嗎？　　____　____

5. 不委屈求全的創業你想要嗎？　　____　____

6. 遇到難題時，你會選擇面對它嗎？　　____　____

7. 你現在願意勇敢的跨出創業的步伐嗎？　　____　____

8. 你認為創業可以學習到人生的課題嗎？　　____　____

9. 如果創業沒有高低起伏就不是創業，對嗎？　　____　____

10. 你善於在混亂中理清思緒與方向嗎？　　____　____

11. 創業對你來說是很渺小的開端嗎？　　____　____

12. 你是千里馬，遇上伯樂了嗎？　　____　____

13. 創業的敵人就是不學無術嗎？　　____　____

14. 你覺得創業要有自己核心的價值嗎？　　____　____

15. 創業就該多認識人，互相交流嗎？　　____　____

（回答 Yes 得 1 分、No 得 0 分）　　總得分：____

分數對照表：

13 分以上　你已經準備好了！但創業路上總有不斷出現的新難題，堅持住前進吧。

8~13 分　你還不太確定，請繼續看下去，這本書會給你低風險創業的好方法喔。

8 分以下　你其實還沒準備好，別忘了把書看完，書中有創業的最小可行性方案呢。

　　有憧憬、有熱情，可以支持你在創業路上不忘初衷；做好面對困難的準備，創業中的每個突破都和難題有關；對創業的觀念與想法，決定多數創業家是否走得順遂與長久。當然，在上述評估以外的鬼才型創業家依然大有人在，而測驗是針對大多數情況去做檢測評定。

　　創業是需要花時間經營的，有了核心理念之後，還要依據你原有的知識、強項與資源去打造屬於自己的一番事業。在尋找資源的過程中，跟著趨勢發展是一項相當重要的技巧，例如：將產品結合區塊鏈與 AI、行銷面跟著時事去做推廣等，跟著趨勢，可以幫助創業家帶來特定族群的回應，另外，也可以從市調中觀察可行的創業模式，找到適合的情境去放大它。

　　一開始核心理念是最重要的，無論從 0 開始或購買數位

資產，核心理念都很重要，最重要的是創業者得發揮擅長的主題去做好做精，例如：FlipWeb 就是把數位資產做好做精，對應到創業的頂讓、頂售或是數位行銷，以原本擅長的為核心擴散，再去做到相關的東西，創業不是多就是好，反而是要專精再專精。

得利於網路的蓬勃發展，創業家不用凡事都親力親為，缺乏什麼，就能快速地找到相對應專業的人，例如：少了 Logo 設計或不會影片後製，從外包平台或朋友圈的弱連結都可以找到專業人才，用最少的時間做比較多的事，而延伸高效外包的概念。有一批人，正直接用購買來接收創業者的經營項目，這也是為什麼「不用從 0 開始」的創業在近年愈來愈盛行。

STEP 01 創業從 0 開始是必然的嗎？

　　創業並非有錢人的遊戲，沒有錢照樣可以創業，但是這個遊戲不管你有錢沒錢，只有當你創業成功了，才能說是「玩」成了這場遊戲，也才會成為贏家。然而，沒有錢，還談創業，這對很多人來說，可能有些異想天開，或者說是「理想太豐滿，現實太骨感」的事情，但是，如果不想一輩子只因為掙錢而工作，那你也可以選擇放手一搏。

　　就現況而言，從 0 開始的創業是大眾，而創業就像是場戰爭遊戲，大部分的人選擇新建一個角色，札札實實地每天打怪練功，和相似等級的人組成團隊打副本，如果方向對了，長時間打怪累積的經驗值可以升等獲得新技能，結實成長的團隊成員可以變成更壯大的工會或聯盟。以下歸納出不用從 0 開始的創業步驟：

第一步：創業 IDEA

　　把頭腦裡的模糊想法與創業設想慢慢的描述出來，將理想真正轉換成有機會落地執行的方案，創業家就像是一個淘金人，應該從難以估計的沙裡提煉出你想要的金子來。這裡

所指的金子,是找出創業項目最核心的 IDEA,也就是對最初的想法進行思考、分析、判斷、選擇、充實,最終形成比較成熟的創業設想。

第二步:組織創業團隊

單打獨鬥已經不是最好的方式,如果想要做出成功的事業,首先需要組織一個優勢互補、高度認同、目標一致的團隊,在創業的道路上一起攜手前進。

第三步:擬定商業計畫

創業者最缺的是什麼?金錢與資源!所以,創業團隊必須說服那些掌握資源的人,怎樣讓別人相信你們的實力,相信你們值得投資?商業計畫書就是一塊敲門磚,是驗證創業想法的最好方式。當一個創業計畫已經有了成熟的創業 IDEA、優秀的團隊,接下來就需要開始找資金與資源,想盡辦法讓這個項目可以度過創業的死亡谷。

第四步:創業擴張

如果創業團隊順利地度過了創業死亡谷,就要開始對團隊未來有更深入的思考。舉例來說,創業者要開始想這個創業項目的發展方向,確保團隊正與願景往同個方向前進,過程中,也許會進行策略調整,把創業導引到新的道路或是 Pivot(關鍵轉折),創業的擴張是一個非常值得深入的課題,

它決定了新創在每次微調的關鍵節點。

數位小辭典　　　　　　　　　Digital dictionary

關鍵節點：商模落地、推廣新平台……想做好這些事，需要不計預算，地毯式地轟炸利用行銷工具把社群網站裡的每個成員都覆蓋到，把商模推廣出去。但是總是會遇到時間與預算有限，如何在有限的資源當中找到快速擴張的方式？我認為關鍵節點的重點就是需要找到中樞神經，只要拿下關鍵節點的中樞神經，你的商模就可以傳得快，傳得遠。

　　創業就是：前途是光明的，道路卻是曲折的。很多時候創業是一個挑戰，要從 0 開始需要耗費大量心力與時間，而在這條充滿挑戰的路上，多數人遇到的障礙也一一浮現，歸納有二。

1. 已經沒能力把商業模式往上拉

　　我有個個案是這樣的，原先從 0 開始創業，做了韓國的化妝品通路商，在線上線下的知名通路都布有店鋪與點位，線下營運狀況很好，但網路店面就是不太賺錢，於是希望找到一間更有能力的集團公司或經營者接手，幫他們做完未完成的夢想。

就這個例子來看，原先的經營者知道如何利用線下快速發展、賺入更多收益，可是從 0 開始把基礎建設做好了、銷售達到一定程度後，建設起來的人反而不知道怎麼做，這個情形和打地基的人不知道怎麼把房子蓋起來很像，就某種程度來說，原經營者也是缺乏經費去擴大經營。

2. 團隊的人事掌控

創業團隊還是公司往上成長的關鍵，我也曾經遇到過一個案例，原先是做航班 App 的，創業者對自己的事業相當熱愛，也很仔細維護這個一步步設計出來的 App，但在經營方向上，團隊已經沒辦法讓 App 有更多的突破，同時間，每個月的人事費用就花費公司約 70 到 80 萬元台幣，因為做 App維運，工程師本身的薪資成本就相對高些，整體的團隊運作差一點沒辦法正常運營，而創業團隊的人事掌控與特質，常常也是從 0 開始的企業在轉型時，可能會遇到的試金石。

以上這兩家公司最後是如何突破困境的呢？他們將自己從 0 開始的創業項目開放出來，讓那些有能力接手繼續成長的人接管經營。

先說第一個韓國化妝品通路商的案例，策略、錢、整體方向都是關鍵要素，這種時候，新接手者帶入新思維，反而可以從中看到最新的商機，不只是接管一家韓國化妝品通路而已，還能汲取前人經營做不好的經驗，接手思考如何改變

策略。

　　第二個航空 App 公司則是找到策略投資人，後來這位新加入的老闆將 App 的流量導流，跳脫原老闆想以社群為主的概念，這樣的接管方式不只是對原創業項目進行投資，也轉變了 App 的商業模式，為創業團隊注入活水，反而補足了團隊面缺乏多樣性人才的發展劣勢，讓整體發展繼續往前走。

　　賣家希望有人可以替他們把事業更上一層樓，所以他們想找尋策略投資人來幫助他們的事業更強壯；買家則是希望利用自身的優勢增加更多數位資產，從有到有的創業只要是好的資產，對現有業務有加乘效果，買家都願意嘗試看看。

非得有錢才能創業嗎？

　　很多人認為，創業要先有一大筆資金投入，大部分的人，也都是因為「錢」而在創業計畫上打退堂鼓，但如果你真的問我有錢才能創業嗎？

　　我會說：「創業其實不需要花大錢。」我舉個很簡單的例子你就知道了。以前我想做網站的時候去網路上爬文，很多人拿著兩三千元台幣就開始做，然後每天寫文章、灌溉網站，一段時間後，網站的 SEO 往上爬，開始有自然流量湧入，從這個經驗其實可以歸納出一件事：**創業並不用花很多錢，而是要花很多時間準備。**

　　不需要花太多成本就可以創業，這是在數位時代得天獨厚的一個機會點。

　　所以說有錢才能創業這個想法並非那麼絕對，如果你喜歡寫文章，可以用 Medium、簡書、Vocus；很會上課、很會做影片、很會拍照，可以上國際知名線上課程平台 Udemy、線上教學平台 Hahow 好學校，或是娛樂訂閱平台 PressPlay，甚至做一名 YouTuber，這些平台的資源都是免費的，重點是你要找到自己可以發展的方向。

# 數位小辭典

SEO：搜尋引擎最佳化（Search Engine Optimization）而我們也稱之為搜尋引擎優化。搜尋引擎優化是優化網站的過程，目的是讓搜尋引擎喜歡你的網站，給予你的網站較高搜尋排名結果。

Medium：Medium 整合線上雜誌、故事出版、社群與內容，以類似於部落格的形式發布文章，而其中的創作者不但含有專業人士，更有一般的非專業文字創作者，創作者可創作文章來獲取收入。

簡書：簡書是一個創作社區，任何人都可以在網路上進行創作。用戶在簡書上可以方便的創作自己的作品，互相交流。簡書目前為中國原創內容輸出大型平台，創作者可創作文章來獲取收入。

Vocus：方格子是臺灣一個新型態的寫作與出版平台，Vocus 提供一個全無廣告、易於上手的書寫空間，適合深度寫作、分享與交流，創作者可創作文章來獲取收入。

Udemy：Udemy 是全球最大線上學習平台，在全球有超過 65,000 門課程、2,000 萬名學生以及 30,000 名講師。課程包括程式設計、市場行銷、設計、個人成長。不論你在世界任何角落，都可以用負擔得起的價格，獲得需要的知識或技能！

Hahow 好學校：Hahow 是臺灣第一個提供最多元有趣

的線上課程，並透過獨特的課程募款機制，讓熱愛自學與交換技能的人，在家就可以完成高效率的線上學習與成就，學那些學校不會教的事！

PressPlay：PressPlay 是臺灣第一個內容訂閱平台，對創作者來說可以在平台上提供內容服務給訂閱者，便可藉由按月扣款的訂閱功能獲得穩定收入。

如果你想做得更多，除了網路事業之外，定期舉辦講座，把知識兌現也可以創造不錯的收入，這些都是不需要太多成本就可以創業的管道，也是相對簡單入門的商業模式，以下，歸納了四類可以用低成本經營的生財管道，輕鬆建立屬於自己的數位資產：

一、內容平台（代表性平台：Medium、簡書、Vocus）

我一直認為「知識應該有價」。當我們一邊付高額費用請英文家教教英文，一邊學習如何努力汲取知識的時候，將學到的知識轉換成文字，其實是相當有效且富有價值的輸出，寫文章是最簡單賺錢與擁有數位資產的方式。每個人寫文章的目的不同，不論是想靠這賺錢、賺知名度、或是單純想要宣傳理念，現在都有很多線上平台，例如 Medium、簡書、Vocus，可以讓你盡情揮灑想法。

在這些平台寫文不需要有任何人「把關」，你可以今

天寫言情文、明天寫專業文，作者自己控制自己的作品、自己選擇自己要經營的粉絲，在現在這個數位時代，內容平台賦能了所有人，我們能夠動動鍵盤就在網路上「出版」（Publish）自己的創作，這就是數位時代的賺錢模式。而且網路與數位沒有地域限制，只要網路連得到的地方，作品可以散播全世界。

但有一點要特別注意，文字創作直接受限於語言是無法避免的，假設你使用的是中文，對看不懂中文的讀者來說就不存在特定價值。

二、社群平台（代表性平台：Facebook、Instagram）

臺灣已經有超過一千萬人使用 Facebook、每天透過行動裝置或跨螢裝置連上 Facebook 的次數高達千萬，使用頻率高居全球之冠。粉絲團的「讚經濟」已經愈來愈流行，只要成立 Facebook 粉絲頁，人人都有機會靠它賺錢，當然，在社群平台的經營開始前，你必須先學會如何把粉絲變現金！

建立粉絲團或是社群帳號的重點在「粉絲經營」，但僅僅會經營粉絲是不夠的，要將粉絲變現金，需要有技巧地將粉絲導流到網站或進行消費。像是臺灣第一大瘦身粉絲專頁「iFit 愛瘦身」就在成立一年的時間，聚集了超過四十萬粉絲，利用粉絲導購到網站，讓營業額輕鬆突破千萬。

一個數位資產的養成，可以引導顧客並增加潛在顧客的轉換率（即成交率），當每個粉絲都是金錢，讚經濟不只是

成效顯著，重要性也與日俱增，這是很多人為什麼要成立粉絲團的原因。

三、YouTube 頻道

作為全世界最大的影片觀看平台，YouTube 每天都會有數十億的瀏覽量，如此巨大的流量自然也會產生可以賺錢的機會，厲害的 YouTuber 每個月的收入往往可以上看數萬或是數十萬元，而這項收入主要分為兩部分：平台獎金與廣告收益。

根據統計，臺灣的 YouTuber 約每千次觀看能有 0.6 至 1.4 美金的收入。曾經有知名 YouTuber，也曾拍影片公開個人每月來自 YouTube 的收入，以平均百萬點擊可賺取 3 萬美元來計算，一部影片有 53 萬 5 千多的點閱，YouTuber 的預估收益是 332.85 美元（約新台幣 1 萬元）。

除了平台給的點閱率獎金之外，「粉絲多、影響力大」的特性是 YouTuber 賺錢的最大關鍵。循著粉絲數與影響力而來，許多企業會重金邀請 YouTuber 做產品代言和廣告行銷，價格自幾千元到數萬元台幣不等，漸漸地，持續經營的 YouTuber 不用被動地依靠點閱率賺錢，也開始主動地接廣告、做業配，創造額外收入。

在數位時代，YouTuber 已經不少是 00 後（或稱 Z 世代）的夢想職業，利用 YouTube 賺錢的好處是，你不需要花錢建立個人網站，只要上傳影片可能就會開始獲利。建議你可以

針對自己的專長與興趣來經營，只要能夠持之以恆，你可能會意外地開啟一筆持續且可觀的被動式斜槓收入。

四、外包平台

根據美國富比士雜誌（Forbes）的報導，愈來愈多人已經開始從事兼差（Freelance）的工作。隨著這股兼差熱湧起，人力外包網的普及性也將與日俱增，成為僱主和個人工作者間最有效的交易管道之一，求才案主可以利用外包網龐大的人才資料庫來尋找不同技能的工作者，接案者則可以藉由各式各樣的技能來完成專案或是任務，而在開始接受外包前，必須清楚知道你正在建立自己的品牌形象。

案主透過外包（Outsourcing）除了可以增加事業經營上的彈性之外，同時也可以大幅降低人力成本進而提高獲利性，當他們需要尋求適合合作的接案者時，往往還是會考慮到最終成品的品質，所以你要把自己當成一個品牌在經營，努力的包裝和推銷自己，在接案的時候，你要把自己當作 KOL（Key Opinion Leader），進而打造出一個專業的形象，讓技能和工作經驗完美結合在僱主面前。

外包的崛起讓小眾嗜好也可以透過網路的傳播力賺取一定的收益，例如，如果你對設計很有熱忱，不需到工作室賣新鮮的肝領著低薪，也可以在國際知名外包平台 Fiverr.com、Upwork.com、Freelancer.com、99job.tw 賺取可觀的收益，簡單來說，把興趣當做收益就會是你結合樂趣與自己個人特性

的賺錢方式，這也可以為你的人生增添更多不一樣的可能性。

看到這邊，你發現了嗎？創業起步其實不難，關鍵在於利用不同管道與資源，用最高效益達到目標，自己起身去創造價值，創業的價值遠高於用錢去創業，我想送給在數位時代想低成本創業的你一句話：**這年頭，凸顯自己價值是最重要的。**

 數位小辭典 Digital dictionary

Fiverr.com：Fiverr 是一個任務型外包平台，平台上的任務被稱為「Gigs」（零工）。在這個平台上可以購買和出售幾乎所有的數位化服務。只要你有一技之長，就可以在上面獲取收益！

Upwork.com & Freelancer.com：Upwork 和 Freelancer 是非常著名的自由工作者接案平台。有非常多的 freelancers（自由工作者）和案主，幾乎可以稱為 Freelance 界的 eBay。只要你懂英文，在 Upwork 和 Freelancer 你可以接到世界各地的案主需求。報價方式可以自訂，可以以時薪報價或是專案價。

99JOB.TW：是臺灣一個微型外包平台，平台上可以找到很多外包服務，在這個平台上可以購買和出售任何外包產品，只要你有一技之長，就可以在上面獲取收益！

◎3 從 1 開始的創業

　　從 1 開始的創業，在生活中其實處處可見，大家最熟悉的例子，就是很多人每天一定都要來一杯的手搖飲料店，甚至每日餐飲、生活購物都會接觸到的「加盟」店，這種運作方式由中央集體給予加盟店特定的資源，包括原物料、品牌掛名、做生意的方式等，比起從 0 到 1，更像從 1 到 2 這類不是從 0 開始的創業。

　　加盟的商業模式，相信許多人並不陌生，由加盟體系的連鎖系統提供商標、經營 Konw-How 給店端，加盟主比起從 0 開始的創業，可以更快速地節省推廣時間，在資金與精神耗損上面也可以減輕不少負擔。

　　具有規模的加盟體系，為了提高整體企業的商譽，都會創造一個獨創與高附加價值的商品，用產品的差異化來領先競爭對手，而加盟主因為不是從 0 開始，承襲了連鎖系統的商譽與品牌，這等於是給顧客吃了一顆定心丸，只要是這個品牌新開張，所有的顧客都會有莫名的親切感，加盟主也不需要擔心有任何的障礙與問題，因為所有加盟店都是在同一品牌下而受到保護，這就是從 1 到 2 的概念。

　　如果自己創業，商品、原物料進貨都得經過重重關卡，

但如果是加盟連鎖體系，通常所有的生財器具都會幫你準備好，也會幫忙開店宣傳與輔導，這樣的協助讓加盟主不是自己孤軍奮戰，加盟體系將會給你資源也會讓你在創業的路上變得更穩更快速。

到底是要從 0 開始還是加盟品牌，我覺得創業者一定要認清楚自己本人的情況，因為不管哪一種創業都會面臨種種問題，如果你選擇加盟體系從 1 到 2，但是卻不會基於加盟體系的相互利益而加總成效，這樣其實是非常可惜的。除了對其特點與優缺點的認識之外，雙方都需要做相互的瞭解與溝通，這樣的加盟體系與加盟主才會有互助互惠的正向循環。

找到雙方有利可圖與節省時間的經營模式，如果雙方可以達到雙贏，其實加盟與特許經營是可以實現創業與低成本快速擴張的最佳方式，加盟主不必先「瞎子摸象」，因為你的創業誕生就是與知名品牌連結在一起，直接享受他人成功的經營模式，這就是經典從 1 到 2 的創業方式。

更多從 1 到 2 的創業方式，在網際網路大爆發之際愈趨活躍，像是臉書粉絲團、蝦皮商城、網站等數位資產的買賣，也都是許多人的創業項目，藉由購買他人經營過的數位資產，做到從 1 開始的創業。

■■ 從 1 開始，對創業者有哪些幫助？

一、投入資金見效快

　　花資金買經驗，投入資金的見效時間相對快。一般來說，從 1 開始的創業模式，其實都是由有一定規模、年限成熟的營運演化而來。商業模式明確，在這時候投入資金，短時間用資源做業務整合，甚至加快收購標的物的發展速度，不但可以規避部分風險，同時可以將風險轉化為更大的價值。

二、掌握控制權

　　無論品牌規模，購買都是為了擁有控制權，也就是一切事物的決定權，投入資金後得到的權益，可以做一些整併或業務整合，把資源進行重新分配或擴大市場，提升競爭力。像整併粉絲專頁就是線上很常見的例子，購入他人的粉絲專頁後，擁有發文、舉辦任何活動的控制權，同時也可以利用這個控制權去做合併等擴大效益的經營。

三、降低行業門檻

　　無論是想擴大經營範圍或踏入新產業，都會遇到經驗不足的問題，包括人脈、資源等。如果從 1 開始，創業者可以在一開始就「有方法」地朝目標去做，競爭能力大幅提升，加上標的物結構有一定的良好基礎，降低了進入產業的門

檔，創業者只要向上去思考如何把業務做精做深。

四、節省時間

這裡的節省時間是以長遠來看，如果買到一個網站或粉絲專頁，不需花 2 至 3 年才獲得 10 萬粉絲，最快可能花 7 天就可以完成接手，直接做後續的宣傳、行銷直播等。一般來說，建設網站等創業項目的建立，都需要幾個月的時間；但從 1 開始的創業，則直接將準備期從數個月變成一個月甚至更短，後續還能接手標的物上擁有的粉絲、會員、成交歷史記錄等，這些精準名單都是從無到有的創業不見得能拿到的。

▋▋▋ 誰適合不是從 0 開始的創業模式？

從 1 開始的創業，就像是一個機會主義者的方法，因為你會比別人還要節省時間、降低成本。然而，即使是站在別人的肩膀上，從 1 到 2 的創業也不是每個人都合適，能將這類生意做得成功的佼佼者，在個性與特質上都能找到一些共同特點，也就是這類創業家通常會存在的重要特質。

一、願意挑戰別人的事業

真正的創業家是一個行動家，也是一個執行家，即使承接下來的事業仍具挑戰，創業家永遠願意站在最前線，更不怕弄髒自己的手，帶領大家往前走。

二、永不認輸克服危機

　　真正的創業家大部分都是解決問題的高手，因為在創業路上會不斷有新的問題冒出來，你要喜歡克服危機，並擁有永不認輸的決心。

三、不受拘束，開創新路

　　從 1 開始的創業不管是加盟還是接受別人的事業，你一定要跳脫原有的框架，別人打下來的成績是成長基礎，但你需要不受拘束、不追尋主流，堅持自己的創意。

四、站在巨人肩膀偷經驗

　　知識與創業通常是從別人那裡學來的，而智慧則是由體驗得來的，從之前的經營者身上學習失敗經驗，記取更多教訓，之後你一定會站在巨人的肩膀上仰望成功。

五、先做再說，做中學

　　不怕弄髒自己的手自己去做，你一定要保持「做中學、錯中學」的態度，只要抱持著肯學習的態度、享受過程、雕琢過程，絕對會成功。

▮▮▮ 創業家的個性會發展出不同的創業路？

　　創業的人通常有兩種：一種主觀意識強，有自己的想法；另一種是沒有特定方向，以賺錢為目的。

　　針對主觀意識強的創業家，如果想要接手他人的經營項目，通常要選擇一個自己真正喜歡的項目，把有興趣的東西加總到經營想法上。

　　我曾經有個做寵物電商的朋友，他因為非常喜歡寵物，想做寵物界的 Yelp（知名美食評比平台），一開始只是想把寵物公園的知識列出來讓大家知道，沒有想用非常商業的模式去經營，卻因此得到不少寵物主人的用戶輪廓，一度在核心理念與商業模式之間拉扯，後來有人建議將這些用戶輪廓和寵物旅館、寵物公園的地點資訊匹配，保留了原先創業家想堅持的想法，也加速擁有精準客戶的方式。

　　一般來說，以「賺錢與價值為目的」的創業家，在找尋創業項目的過程中其實沒有特定想法，較屬於想創業、不安於現狀的人，或是想找取更多被動收入、更好的發展。

　　這種類似用斜槓的方式在找尋下一個目標的人，他並不會局限一定要做什麼，最適合經營從 1 到 2 的創業，因為有時候不知道要做什麼反而更好，可以有彈性地去接受別人的想法或經驗，也就更適合做從有到有的生意。

STEP 04 顛覆對創業的風險思考：從有到有 VS. 從 0 到有

　　談到創業，無論是從有到有或是從 0 到有，風險絕對是存在的。因為經營事業是至少 2 到 3 年的承諾，當中你會捨去休閒活動、與朋友聚會等的時間，這也是為什麼很多人會說創業是孤單的，畢竟很多時候沒有人可以幫你，而是要自己去溝通、找資源，自己面對舞台去找到對的人、對的投資者，才有辦法把現在的創業項目推銷出去。過程中會需要很多對人的溝通或對舞台的溝通，如果創業家本身不擅長站在螢光幕前，那在經營上也是很大的創業風險。

▌▌▌ 從 1 開始的創業，相對能降低風險

　　創業者常常想創業卻不知道該如何開始，是需要找主題、找興趣、還是只是想為了創業而創業呢？如果是為了創業而創業，那從 1 開始的創業絕對最適合你。

　　從 1 開始的創業，是要幫你降低風險、幫你節省時間，

如果不是從 0 開始，就得要知道如何承接一個之前的創業者留給你的事業。你要挑戰前者，讓這個創業可以提供更好的價值與產品，更優質的用戶體驗與提供更好的服務，同時，還能幫助用戶節省時間，從產品與體驗上都實現消費的升級，如此一來，你的成功機率就很大。

每年科技產業都會發生一些天翻地覆的大變化，隨著網際網路的發展與跨螢移動裝置的普遍，網際網路已經開始進入大數據與雲技術的天下，這些變化都不斷推動著網際網路的發展與科技領域的創新。但是你知道嗎？即使是站在科技產業最頂端的大型企業，在考量開啟一個新業務的時候，常常也採用從 1 開始的創業模式，最常見的方式就是併購與買賣。

▓▓▓ 統計從 1991-2018：誰是科技領域的併購與買賣之王？

1991 年以來，科技巨頭的併購活動顯示，在過去 20 多年間，Google 以高達 215 起併購案成為併購交易數量最多的公司，其次是思科 [1]、微軟、IBM 和 HP。Google 是目前最活躍的科技併購者，每年的併購交易數量高達數十筆以上。

註 1　Cisco Systems, Inc., 網際網路解決方案的領先提供者，其裝置和軟體產品主要用於連接電腦網路系統。

以下列出目前美國五大估值最高公司的最大收購如下：

► 2011 年 Google 以 125 億美元收購摩托羅拉移動部門。
► 2014 年 Facebook 以 190 億美元收購 WhatsApp。
► 2014 年 Apple 以 30 億美元買下 Beats。
► 2016 年微軟以 262 億美元收購 LinkedIn。
► 2017 年 Amazon 以 137 億美元收購全食超市（Whole Foods）。

　　科技巨頭是在網際網路崛起的大背景下誕生的大怪物，它們出手闊綽，在科技與商業領域扮演著領導角色，也是目前這個世界的大主角。這些公司利用併購優勢不斷地壯大自己，透過原本的產業與平台優勢，快速達到最好的產業綜效，有時候是為了擴大原先沒有的業務，例如：2017 年 Amazon 收購全時超市，走往線下；有時候則傾向獲得更高的估值，例如：微軟在 2016 年豪擲 262 億美元收購 LinkedIn，只是單筆收購的交易額就遠遠超過了 Amazon 所有收購的資金總額。

　　巨頭們利用不斷的併購來壟斷市場與站穩市場地位，不僅自身掌握了龐大數據、維持原有的領先優勢，也推動了整個科技產業的進化再進化。

　　無論是企業或是個人，從 1 開始的創業其實都是為了節省時間、降低風險，然而，接收別人經營的事業，快速跳過從 0 到 1 的創業期，並不代表創業項目就會一路順遂。如何經營得比之前好、翻轉或讓原先賠錢的事業變成正向循環、

延續品牌的價值，再加入自己的想法與元素經營、雕琢原有的內容變成全新風貌等，都是從有到有的創業家會面臨的課題。下一段，我想以自身的經歷和大家聊聊創業這件事，究竟是不是一個賭注？

STEP 05 創業是不是一個賭注？

　　MP3的誕生消滅了唱片公司產業，智慧型手機的導航功能讓導航通訊變成夕陽產業，行動支付的誕生讓銀行原本的獨有生意變得更具有挑戰。這些新興產品顛覆既有產業的案例彷彿只是冰山一角，許多趨勢的發生正在改變這個世界，投入MP3、智慧型手機、行動支付的創業家看似走對了方向，過程卻也不盡順暢，那創業到底是不是一個賭注呢？

　　科技的進步速度是以倍數成長的，所有的成本將會愈來愈便宜，你或許不愛去賭場，也不愛賭博，但其實你每天都在為自己的人生做賭注。創業者每天要賭的是「主題」，沒有人希望正在進行的事業很快地成為夕陽產業，因為這關係到創業是否成功、能走得多久；上班族每天要賭的是「公司」，就算你能力再強，但是在不對的公司，你也不會有好的發展。人生每天都在做賭注，創業也是，每天都是「被迫上場」，你要有奮力一搏的勇氣，這是人生最基本的預設模式。

　　大家都知道每場賭局都有賠率設定、莊家吃紅，其實這些潛在因素都非常不利於玩家，十賭九輸是因為你待愈久就愈有可能會輸，所以你要清楚知道，身在賭局裡只是一個

過渡期，你不應該按照別人的遊戲規則走，當你在職場學到一定的知識、累積了業界人脈、一定的數位資產，我建議你應該要經營一個自己的網路事業，網路就是這個世代的「風口」，任何生意只要結合網路都會產生經濟回饋。

創業就像男女朋友交往一樣，你不知道這 2 到 3 年的承諾最後會不會是一場空，因為創業每一個環節都是挑戰，可能產品做不好，要放棄或是換材料做到接近完美就好？商業模式不明確，要守住核心價值還是稍作妥協？這些問題都會影響經營者的想法，如果經營者很堅持自己的想法，可能不會接受替代方案，而在堅持押同一邊的狀況下要贏得賭局，又是另一項難題。

賈伯斯說：「**創新是決定一個人能成為領導者或跟隨者的區別。**」我一直為自己喜歡的事物與創業在努力，一直到最近才發現：**創新才是創業最大的挑戰**。生活在創業圈子裡，每當接觸到各行各業的創業圈前輩，才深刻地體悟到，創業圈無止境的在挑戰創新，很多前輩利用創新的價值與興趣結合，我相信這絕對是領導者唯一的成功捷徑。

創業如果是興趣，你的成功機率自然變高，賭注自然就會降低，若以自己興趣作為工作基礎，不是以賺錢為首要目標，往往你會有更多的熱情與堅持，創業的勝率也愈高。不管是開公司、小吃攤、網路創業，你都需要投入成本，這些成本大至數千萬，小至每天的幾個小時，也許這份創業可以是你的興趣嗜好，但是成功唯一的要件就是堅持。

每個創業家都有自己堅持下去的原因，以我自己來說，我很享受在其中，因為只要看到我的創意、想法或是賭注被人認同，這成就感是遠高於其他事情的。假設今天沒被人發現，創業就提不起勁，但如果被人發現，帶來的激勵是非常多的，因為這些成就感會促使創業更成功。例如我有一位在紐約開自有品牌珍珠奶茶飲料店的朋友，他的成就感來自看到自己的珍珠奶茶在紐約街頭被不同國家的人購買，那種喜悅是更直接的，我相信對他來說，他已經覺得自己的賭注成功了。

　　創業本身應該出自於喜歡的事物，即便在過程中有非常多的不順利與失敗，如果是出自自己喜歡的事物，就應該堅持下去，給自己 2 到 3 年的時間，把心中所想的創業一步步做好，不管最後失敗或成功，也可能成為下一個 2 到 3 年的經驗值，讓下一個創業更容易成功。

　　最後，也是相當重要的，創業過程中一定要「走出去」，看看很多在各領域同甘共苦的創業家、看看和自己一樣水深火熱的創業者，創業一定要把心胸打開走出去認識大家。像是扶輪社、獅子會、AAMA、SLP、創業加速器等，這些地方都很有機會可以遇到志同道合的朋友，和上一段的道理相同，無論這次創業沒有成功，這 2 到 3 年認識的朋友可能也會約你去做更多的事，這樣同甘共苦的朋友，不論成功與否，都會是未來人生重要的資產。

 **數位小辭典**

AAMA：AAMA（Asia America Multi-Technology Association）台北搖籃計劃每年邀請 12 位成功創業家、高階經理人擔任，導師在為期兩年的計畫中與甄選出的 20 位創業家進行一對一輔導、一對多分享、多對多互動傳承智慧。

SLP：SLP（Startup Leadership Program）是一個創業家課程，課程為期 6 個月完整創業及領導相關課程訓練，由各領域專家、創投與企業顧問擔任業師 Mentor、講師 Speaker、顧問 Advisor，形成強而有力的創業資源網絡，並強調顧問、業師與學員以及學員之間的創業資源分享。

創業加速器：創業加速器是可以幫助創業者在創業路上驗證商業模式的地方，目前臺灣熟知的創業加速器為 App-Works、台大創創等。

再來我們談數位資產的創業。

什麼是數位資產？我們看到所有的線上財產，包括網站、網域、App、帳號、頻道、虛擬貨幣、遊戲帳號等所有數位上可以留下來的東西，都稱作數位資產。

線下的零售產業被線上所搶占，愈來愈多人加入線上這個領域，在這個時代跟上趨勢的方式，無論是在線上留下什麼樣的足跡，都會是一個很好的模式，因為所有數位上的足

跡以後都可以拿來兌現。

　　數位資產的買賣，隨著網際網路的普及愈來愈成熟，在數位資產買賣平台上，任何相關的數位產品都能買賣，不只有買方與賣方，還有買入強化經營後，再以更高價賣出的投資客。舉例來說，如果你喜歡寫內容，那可以買下一個內容網站，將網站內的內容、文章分類並固定產出，帶動網站的流量，隨後再進行轉賣；如果你對汽車知識有研究，一樣可以買下一個汽車內容網站經營，再將流量、內容都升級的網站賣出；如果你很會製作 KUSO 圖、攝影，則可以購買 Pinterest 帳號、Instagram 帳號做經營，待到粉絲人數成長到一定的數量後再轉賣帳號。

 數位小辭典　　Digital dictionary

　　Pinterest：Pinterest 是國外知名圖片社群分享平台，可拆解成「Pin」與「Interest」，也就是「釘住」「興趣」，是一個以圖片分享為主軸的社群平台，利用剪貼簿的概念，透過布告欄的方式呈現，讓使用者可以利用其平台作為個人創意與專案所需的視覺探索工具。

　　這類的經營方式，有點像房地產投資的概念，買入房子整修裝潢後，再轉賣，我們把這些人叫作投資客。在數位

資產交易平台上，如果你真的有能力、資源把數位資產經營好，先買下來，等到成效大後再賣掉，這樣的模式所賺取的收益可能會比其他賺取的收益更好。如今，在世界各地已經有很多這樣的輪廓，你可以跟印度人或羅馬尼亞人買 App，買下來之後加入新功能、設計等強化既有內容，讓數位資產交易變成主要收入來源。買家也可以從有到有接手經營已帶有流量的數位資產，讓這個數位資產發揚光大。

如果你不擅長英文，在兩岸三地盛行的電商、拍賣，一樣可以進行數位資產的買賣交易，並扮演投資客。以中國的商業模式為例，就包含淘寶、天貓的商城帳號買賣，其中，又以社群帳號的買賣為最多，像是微博、微信公眾號、今日頭條號和抖音帳號等，這些數位資產買賣就是流量取勝，因應市場的崛起，數量非常多，相對應的買家也多，只要能讓買家更省力地經營數位資產，需求市場的買氣仍然蓬勃。

在數位資產的買賣方向上，歐美以 App、網站為主，中國則是附著在 BAT 的商業模式之上，所有的買賣都會圍繞著 BAT，這些附著在平台上面的買賣又比網站、App 更快更精準，因為評比的標準就是粉絲數、成交記錄或評價數這些簡單的記錄；但歐美就不一定，可能要思考商業模式、流量、廣告費等眾多不同面向的東西，才能去評估一個數位資產的客觀價值。

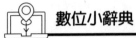
BAT：BAT 是百度（Baidu）、阿里巴巴（Alibaba）、騰訊（Tencent）三家中國網際網路龍頭公司的統稱。

▋▋▌轉變自己的時機

　　以往，創業是少數人的事；隨著網際網路發達起來，創業門檻降低，上述經營數位資產作為第二事業的斜槓型人才也愈來愈多，即使是坐在辦公室的上班族，也可以擁有老闆思維，而這會幫助你更快地解決問題、做事抓到重點。當有了創業的念頭之後，你一定會用不同的心態來看待目前在職這件事，甚至會注意到老闆的言行舉止，如果他是一個好老闆，你一定會接納他所有的想法，但是如果他是壞老闆，你會懂得盡量跳脫他的思維思考事情，同時，你也會開始注重人脈的養成。儘管在辦公室總有人勾心鬥角、有人抱怨來抱怨去，但是在私底下你會開始累積自己在工作以外的實力，變得開始多面向的注意事物，多投資自己，嘗試跨越更多的可能，甚至鑽研各種賺錢理財方式，等到已經在業界累積很多經驗與吸收很多知識之後，就可以朝著自己喜歡的路邁進。

　　無論你是在做小吃、水電行、市場賣菜或從事什麼樣的行業，一定要盡快製造「數位資產」，讓你的線下經驗與線

上緊密的結合。網際網路與互聯網的發展將近 20 幾年，但應用的程度仍然變化多端，就像是剛畢業的大學生一樣，擁有未知的潛力，成熟度也沒人可以說得準，每一年都有不一樣的變化。而這樣的特性，也塑造了時代的風口，如果你因為網路的浪潮想要經營一份屬於自己的網路資產，或想累積屬於自己的獨特數位資產足跡，我相信目前只要結合網路的事業都會產生經濟效應，這些資產會持續累積，關鍵就在你已經準備啟航。

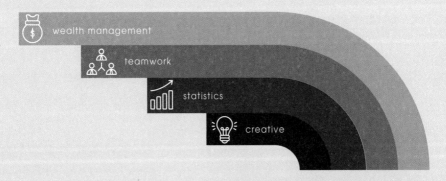

數位時代的
斜槓創業者

Starting from ONE

PART. **2**

身為上班族，會不會有時候覺得工作不順、意志力消沉，或偶爾冒出「乾脆不要替別人工作了，自己創業好了」的想法？

根據調查，有超過 70% 的人曾經有創業的念頭，創業不只是自己的事業，更像是建立你的人生股份有限公司。說到這裡，你可能有了創業的念頭，但腦中想起許多創業家曾提及的草創時期，或是那些沒有收入卻又需要大筆資金的無助故事。那麼我告訴你，身在數位時代的我們真的很幸運，因為斜槓創業正是一個幫創業家降低風險的起步方式，讓興趣結合創業，開創自己的創業人生。

你的創業可以不必離職，在數位時代裡斜槓創業已經變成一種趨勢。斜槓創業的人通常還是會以正職為主，創業為輔，但如果做事還是漫無目的、無法把時間安排妥當，斜槓創業這項計畫仍然可能會胎死腹中，所以在你投入創業的時候，應該要好好地觀察自己，做好完善的規劃。

▌▌▌ 斜槓創業的思維與戰略方法

「斜槓青年」（slash generation）被紐約時報提出後，引起廣大的迴響。這些有多重興趣、才華的青年，不被職場中只能扮演一個角色的隱性規定局限，妥善規劃自己的時間，將自身興趣也當成工作來經營，透過興趣與能力讓自己有了多方發展的可能，這正是未來職涯發展的一大趨勢，也是斜槓創業的思維與戰略方法。

現實的職場生涯裡，當遇到令人困惑的事情時，要試著跳脫原有的框架，大多數的職場問題、職場中的困難鴻溝，都需要換位思考，如何跳脫自己綜觀，再用不同的思維去解釋現在職場遇到的問題和困惑，這才具有意義。如果把時間點拉到五年後的自己，回頭看看現在的狀態，你會想多做點什麼？經營斜槓創業，在開始前也應該要「看現在、想未來」，如果你自己就是一間公司，你會如何經營自己？

▌▌▌劃分好順序，先讓兩者可以兼顧

斜槓創業首先要考量，如何有效地分配自己的時間。一個人一天只有 24 小時，怎麼樣妥善利用這 24 小時，把自己的價值有效變現，又不影響現有的事業與工作，是斜槓創業者成功的精華所在。

舉例來說，某平台代購的老闆在上班時間是一名護理師，但是在下班時間卻是兼職網拍且創業成功的斜槓創業者，他透過精準的眼光觀察消費族群喜愛的化妝保養用品，一步一步建立自己的事業方向。在你選擇一個斜槓創業的兼職方向時，一定要兼顧兩者，利用保守且低風險的作法斜槓創業。如果你貿然辭職，失去經濟來源，你會面臨到經濟壓力與創業挫折，不見得能讓創業項目健康發展，所以斜槓創業不一定要先離職，而可以劃分好順序，讓兩者得以兼顧，從保守且低風險的方式起步。

▌▌▌斜槓的多重身分是未來趨勢

如果人生就是不斷地嘗試、不停地賭注、無止盡地軸轉，那你就是一直在尋找與抵押自己。當中固然有令你欣喜，也有讓你鬱悶的時候，但唯一不變的是，你累積的個人品牌與資產將會是未來最大的趨勢。

舉凡人脈關係、健康、個人品牌、金錢、時間、專長等等，都是你一生中會需要的個人資產，而斜槓創業就是等價交換，當你累積的資產愈多，可以向外去交換的價值也就愈高。舉例來說，你可以利用時間去累積一個專長，再將專長變現成金錢；你也可以用金錢去換回人脈關係，再透過人脈關係去獲得其他類型的資產，無形之中，你能累積到的資產就變得愈來愈多元了。

社會的本質就是交換，當你明確意識到自己有哪些資產、哪些資產又能以交換得來，就能比其他人更容易交換到想要的資源，並將資源妥當地累積成自己的資產，這是為什麼我認為將來的社會每個人都一定要做斜槓，因為擁有多個身分與專業，就是未來趨勢。

▌▌▌斜槓青年的 4 種模式

在創業過程中，我的多重身分包含了執行長、專欄作家、投資人、股東，很多人說我是典型的斜槓創業青年，但在我

的人生藍圖中，其實這些身分，都是我利用斜槓方式來完成的夢想。人生的每個決定都代表著我們對自己的期望，我認為在斜槓的方向上，可以歸類成這 4 種模式：

斜槓 1：工作與愛好

專欄作家的這份工作對我來說就是一個愛好，我喜歡寫作與分享，所以我愛這個模式，斜槓可以和你愛好的事物息息相關。當你決定透過愛好的事物從事斜槓創業時，別只把它當成一份工作，而要當成自我實現的一環，享受和它相處的每個當下，如此一來，這個斜槓創業將會成為你人生中別具意義的一段歲月，也會為你的斜槓經營增添品質與樂趣。

斜槓 2：綜合與斜槓

在做投資人的同時，我也是一個電商代營運公司的顧問，這兩種不同的職業身分，不只是展現我過去累積的能力，也是讓我在既定的能力上持續與市場學習；在擔任品牌電商顧問接受諮詢的同時，我能以投資人的身分很快地幫助到公司營運，這兩種身分所需的能力相輔相成，都需要對特定市場的敏銳度與經驗，有共同的專業需求，它是一個綜合能力發揮在不同角色上的斜槓類型。

斜槓 3：轉型與工作

如果你覺得自己的工作面臨到一些瓶頸，或者覺得工作

不是你喜歡的，想轉型到其他行業又不得其門而入，或許你可以參考這個斜槓類型。隔行如隔山，轉型到其他行業的時候，你一定不知道這個行業適不適合你，這時就可以利用閒暇時間，先以斜槓的方式踏進這個新行業，多做一些嘗試，斜槓反而成為過渡期中一個低風險的試錯方法，幫助你朝適合的轉型方向邁進。

斜槓 4：工作與技能

工作和技能型的斜槓，算是大家比較普遍會看到的。在工作裡你可能會用到一些技能，例如，做 PPT 簡報與演講的技能、EXCEL 統計與彙整資料的技能，這些技能都是在你工作裡學習的累積，可以慢慢地熟練、學習讓技能凸顯出來。當你發現這些技能正讓他人對你另眼相待時，恭喜你！它正是一扇幫你開啟斜槓之路的黃金門，這就是你的新標籤、新身分、新收入。

▎▎▎當你把自己當成一個創業項目

我認為在未來的世界裡，每個人都是一個創業項目。當你把自己當成一個創業項目，找到要做什麼之前，你需要釐清自己的競爭優勢與差異、幫自己做定位，自己要非常清楚，這個定位是競爭導向的，因為定位是要與別人較勁，讓自己的創業有更多差異化優勢。

現在，你可以想看看要不要做多元化的發展？針對上述斜槓的 4 個類型，我彙整了一個表格，你不妨也在下方空白表格填入自己的內容，思考看看哪些斜槓創業適合你。

斜槓類型評斷表（範例）

斜槓類型	工作與愛好	綜合與斜槓	轉型與工作	工作與技能
我擁有的／我想要的	寫作、分享	市場專業、資金		
市場要的	專欄作家	顧問、投資人		
斜槓創業可行嗎？	V	V		

換你試試：斜槓類型評斷表

斜槓類型	工作與愛好	綜合與斜槓	轉型與工作	工作與技能
我擁有的／我想要的				
市場要的				
斜槓創業可行嗎？				

請切記，「工作與技能」、「綜合與斜槓」這些都需要花相對的溝通時間與成本，你的精力是有限的，當你做其他事情的時候，必然要取捨你的時間，另外，不同職業的切換本身也有時間成本。

　　所以在準備做斜槓創業的同時，一定要反問自己：這是你想要的生活嗎？

STEP 01 你對創業有多渴望？

我 21 歲的時候就曾經想過如何賺到第一桶金。

我很喜歡看成功人士的自傳，我知道從自傳裡可以學習到他們的成功方式與觀念，這些在我賺取第一桶金的路上，帶給我不少幫助，而我的創業之路，起源於一次因緣際會下看到的網路資訊。

當時，網路上的論壇正在討論一個汽車網站出售的資訊，這個消息馬上吸引了我的目光，我開始研究數位資產的買賣，才發現這是一個全新的行業。但是道理非常簡單，就像線下的小吃攤、公司行號可以做頂讓和轉讓一樣，線上的數位資產也可以，而當時卻沒有這樣的線上頂讓與轉讓模式。於是，我馬上寫信跟這個賣家聯繫，希望可以得到更多關於這項出售資產的資訊，同時，我也開始做功課，做了很多搜尋、瀏覽了其他人接手數位資產的分享，包括談論相關議題的文章和 YouTube 影片，避免自己被騙。

不久後，這個賣家把所有的網站資訊揭露給我看，例如：網站的 Google Analytics、Google Adsense 和一些聯播網的賺錢方法。這讓我開始知道怎麼利用一個網站賺錢，於是，我把在大學存到的一些錢拿來購買這個汽車網站，希望可以利

用這個汽車網站賺到我人生中的第一桶金，我的創業之旅也就此展開。

▍▍▍為什麼我就這麼買了？

我發現創業不一定要從 0 開始，最重要的是要找尋自己的定位，以及與社會定位的連結。自己的定位需要解析，如果我們能找到一件興趣和才能兼具的事，也就是你做這件事，做得比別人好，又比別人快樂，那就很值得嘗試。利用這個興趣與才能獲得社會地位的肯定，或連結到更高位置，甚至賺更多錢，這樣就代表你在創業沒有錯。和斜槓類型評斷表一樣，你需要找到自己有的、市場要的，兩者交叉比對才能知道這個創業項目是否可行。

每個人在尋找創業都需要自我定位，我喜歡有輪子的東西，例如跑車、轎車、卡車、摩托車、腳踏車，只要有輪子的東西我都很喜歡，所以我在第一個創業項目裡選擇了汽車相關類型的創業，這就是我熟悉的領域。我相信一定要檢視與瞭解自己在這個專長與領域是不是可以發揮得最好，才能夠給自己做準確定位。

從四個面向去思考，可以問自己這四個問題：
► **1. 欲望（做事的動力）**：在這個創業階段，你究竟要什麼？
► **2. 能力（一般技能以及特別技能）**：你擅長什麼？

▶ **3. 性格特質（氣質、性質）**：你是什麼類型的人？在何種創業下有最佳表現？

▶ **4. 資產（有形與無形資產）**：你有什麼比別人占優勢的地方？

定位重點在於澄清自己有什麼？你的定位必須要適合你，其目的是保證自己可以持續發展，太過高估或者低估都不好，而是得好好審視自己、尋找身上的潛質，這需要認真地分析自己，也需要多瞭解其創業目的。在大多數情況下，正確的思路是，**做你擅長做的事，而不是做你應該做的事。**

▋▋▋ 現成的網站流量

在買下網站之前，我一直都是自學的網站開發者，完全沒有網站經營經驗。當時，我曾經想過自己架設一個結合所有改裝廠的網站，類似美國美食評論網站 Yelp 的改裝廠版。當我在網路上看到這個汽車網站出售的時候，我覺得他就是我正在找尋的創業項目，因為這個汽車網站已經帶有流量，我可以節省很多開發時間，甚至可以直接購買現有流量，和之後我想推出的網站作綜效整合。

通常說的網站流量（Traffic）是指網站的訪問量，是用來描述訪問一個網站的用戶數量，以及用戶所瀏覽的網頁數量等指標，常用的統計指標包括網站的獨立用戶數量、總用

戶數量（含重複訪問者）、網頁瀏覽數量、每個用戶的頁面瀏覽數量、用戶在網站的平均停留時間等，而現有的網站流量可以簡單理解為用戶訪問數量，有了流量，就可以利用流量做轉化率，最終達到盈利的目的。

數位小辭典　　　　　　Digital dictionary

轉化率：轉化率的意思就是用戶進到這個網站，有多少比率會購買網站上的商品，有了一定的用戶訪問量（用戶流量），就一定會有部分用戶購買商品，從而創造網站盈利。

除了流量外，我也分析了現成網站的買賣優勢：
► **1. 時間短**，轉讓的手續數周即可辦理完畢。
► **2. 不僅花費低**，還可直接擁有事業上手經營。
► **3. 不用花時間從頭找供應商**，也不用擔心進入黑名單，更不會影響你後續經營。

　　賣家非常有耐心地與我溝通，過程中我也獲取了網站原先經營的詳細狀況與經驗，後來我才知道他是羅馬尼亞人，善於經營數位資產後再轉售，一直到現在我們還保持聯繫。

▇▇▇ 快速做到基礎建設

很快地，我的網站成功上線了！當然，整個網站的界面還不盡完美，但我的確成功在一個禮拜內達成初步目標——直接上手經營網站。

為了進一步改善網站的功能與界面，我在美國網站論壇 Reddit 的 ／ r ／ startups、／ r ／ web_design、／ r ／ entrepreneur 等論壇上問了相關的問題，希望能得到一些來自外部的建設性意見，雖然一開始的回應數並不多，但當中的確獲得了值得參考的方法，讓我能立刻做出相應的修改。後續，我在 Freelancer.com、Upwork.com 等外包網站上找到適合我的工程師，希望可以簡單利用現在的功能去做發展，讓網站上的新應用可以快速上線。

購買了現成的網站後，剩下的只是把我在網站上想加入的想法填充進去，讓整體更加完善。因此，在完善網站基礎建設的過程中，不停地找資源、找到相對應的人解答，各大論壇與外包網站幫了我不少忙，捨去了眾多的網站開發時間與成本。我將心中的網站一步步實現出來，開始進入下一步：外部連結的導流經營，而我也迎來了網站買來後的第一次流量起飛，獲得 Goolge 新聞審核通過（Goolge News Approved）。

▌▌▌ 獲得 Goolge News Approved，網站開始起飛

　　做媒體與新聞網站的人一定都知道獲得 Google News Approved 是一個無比的榮耀，我自己也是 Google 的超級粉絲，對我來說，這簡直是一個難以置信的成功！在我經營網站不到三個月的時間，就獲得 Google News Approved，打開了網站的曝光，在這個驚喜之後，我開始思考如何讓我的網站文章寫得更專業，讓更多人可以因為我的網站尋找到對的改裝車廠與對的零件廠商。

　　當我開始參考與比對一些競爭對手的網站，我發現必須拿出更多令人耳目一新的創意來吸引更多瀏覽網站者，所以，我決定推出一個針對車主與改裝廠的特別企劃。當時我跟知名的改裝車廠配合，開始分析不同車主的車，並請改裝廠的專家親自講解，利用這樣的模式增加我的網站專業度，也讓網站可以不是只有單向發聲，而能透過討論變得雙向，增加用戶對網站的黏著度。

　　隨著特別企劃的內容一篇篇釋出，我開始察覺到，僅是每天更新的內容是不夠的。為了持續吸引網友們的關注，我知道要開始把有趣的內容分享到社群網站。為了使每篇貼文都是獨特且有趣的，我繼續與改裝車廠配合，開始把一些專屬的改裝品分享到社群平台，每個微小細節都不放過，盡量做到完美。

在開始這個特別企劃之後，我發現 Facebook 的點讚次數開始慢慢攀升。這個特別企劃也吸引很多改裝車廠主動找上我們，使得網站在改裝車界開始有了一定的聲量，也吸引龐大流量與正面的評價，對初次經營數位資產的我來說，是令人十分雀躍的成果。

▌▌▌ 在內行人所知的汽車社團造成轟動

經過一個禮拜的流量爆炸成長，網站流量也開始慢慢回復到正常水準，在有了第一批網友的正面評價後，我希望能得到更多網友們的回應，因此，我利用時間把全美所有改裝車、汽車、重機的社團與論壇都找出來，並潛入社團中跟所有的網友們互動，嘗試介紹我的網站給他們。我相信精準的網站內容對應到精準興趣的受眾，在網站在社團裡將有很大的機會造成轟動。

很幸運地，我把我的文章貼在全美第一大的改裝車社團，獲得了不錯的迴響，我還記得當天我和我的工程師 J 在討論這個興奮的好消息時，我們的對話是這樣的：

K：我才剛把文章連結貼在改裝車社團，我們網站的流量就瞬間增加了！

K：才幾秒，現在就有 124 個人正在瀏覽我們的網站了！

J：天啊！太爽了吧！

K：292 快突破 300 了！

結果，當天我的文章成為改裝車社團的置頂爆文，瀏覽量超過 30,000！對我來說，這簡直就像雲霄飛車一樣刺激！

▌▌▌ 收集使用者回饋，重新修改網站

這次流量的起飛，不只讓更多人知道了汽車網站，也在改裝車社團中獲得許多具有高度建設性的回應，對於網站的改善有很大的幫助。當天晚上，我就開始與工程師討論如何重新設計整個網站的架構以吸引更多瀏覽者。這次改版更新在隔天就完成了，這個快速且根據使用者回饋修改的計畫是個大成功。

然而，這還沒完，在兩週內，我計畫推出三個修改版本，不但與我的原版網站界面截然不同，也變得更加易於操作及吸引人。

以下是我的網站界面進化史：
- ► 1. 部落格形式的版面配置。
- ► 2. 每日更新的內容置頂。
- ► 3. 可以設定關注的內容。
- ► 4. 每日更新仍然不夠，內容才是王道。

我經營這個網站約 5 年，從一開始粉絲只有 1,000 人到最後全球粉絲 20 萬人，從一開始社群上沒有訪客到後來每個

月都有不重複訪客約 20 萬，這些成果都是得來不易。經營到後期，我知道如果再繼續經營的話，或許這個網站的發展與局限會更限縮，我希望讓能把這個網站與品牌帶到更遠更高的人來經營，所以我想找個合夥人一起經營。

當我把這個網站放在美國知名的汽車論壇，想尋找合作夥伴時，有滿多人私訊詢問我可否直接購買這個網站，這讓我恍然大悟原來網路資產這麼值錢。接下來我就先去問之前曾經配合過的改裝車廠，我問他們有沒有興趣買下我的汽車網站，結果有一間改裝車廠非常有興趣。我跟他說：每次要找我業配文都需要付至少 500 美金，但是如果買下網站改裝車廠就可以有無數的業配，利用業配文介紹改裝車廠，再利用流量紅利導流，這對他來說絕對是雙贏。

改裝車廠二話不說就直接購買，在當時我大概以 2 萬美金的價格賣出，也獲得了創業的第一桶金。這是我第一個翻新的數位資產項目，帶我熟悉了經營數位資產與活躍數位資產的眉眉角角。

▌▌▌ 一個人創業的渴望從何而來？

我相信在每個人的內心深處都有一個創業夢想，根據《青年創業現況調查》，有將近 80% 的青年人有創業意願，但是有 60% 的人是有興趣而沒有行動，只有大概 10% 的人會開始創業；而這 10% 的人中，有高達 8% 的人曾經創業但是失

敗過。每個創業家都在完成自己的淘金夢，但真正成功致富、創業成功的人卻是少數，很多創新想法還沒落地實現，可能就已經胎死腹中。

對創業的過程，我是這樣理解的：「創」是開創、創造，是一個動詞；而「業」就是事業與你想做的東西，是一個名詞，兩個加起來就是開創新事業。創業本身就是要創造與創新，而實現創業的過程本身就需要靠創業者的欲望與渴望來完成。

馬雲曾經說過：**「開始創業的時候都沒有錢，就是因為沒錢，我們才要創業。」**所以如果你只是徒有創業夢，現實中依然找藉口、不敢跨出執行的那一步，那應該要好好反省。創業需要靠後天學習才有辦法取得成功，無法一步登天，所以創業的「渴望」很重要，主動型的創業會支持一個人在犯錯與修改中堅持下去，當經驗累積愈來愈多，成功率也就變得愈高。

據統計，主動創業的成功率遠高於被動創業。當發現了一個市場需求的時候，我會抓住那個市場極度渴望的連結方式；當發現我可以做一點小技術讓改裝車廠更快找到對的客人時，我會極力去做，因為我知道這個模式應該會成功。這種看見需求會想主動提供更好服務的創業就可以稱為主動創業，因為不甘於現狀、想要更好才來創業，就是一個主動創業的正向例子。

▌▌▌ 按耐不住渴望的創業雷達

明確的創業渴望、明確的目標與定位是所有創業者的必備條件，一個主動的創業家，一定有顆按捺不住的創業雷達，在創業還沒開始之前，就已經開始關注相關的事情，例如：想開店面的開始關注路邊店面；想做電商的開始觀察電商如何行銷，甚至直接上網購物以判斷消費路徑。當雷達開啟，所有相關的事物都會無形地被放大關注，這是主動創業者的本能行為，也是所有創業家都要學習的。

如果你想透過斜槓創業獲得額外的財富，一定要將自己想做的事情與願景勾勒出來，因為每個人都有不同的生命價值，你也有不同的獨特能力、興趣、熱情、個性與不一樣的經歷與歷練。創業者需要充分瞭解自己，透過自己的經歷來增加市場需求，再藉由需求來反覆驗證價值，所以不斷地熟悉自己的熱情與興趣，堅持自己的理想與使命，絕對對你的創業大加分。

其實值得付出心力的事情通常都不容易，你可以解讀為不可能的任務，也可以解讀為成功得來不易，絕對是要努力不懈，需要不斷挑戰自己與解決問題的毅力。再回歸到一個創業項目的出現，本質就是要設法解決大家的問題，讓需求者獲得各自想要的東西，並讓他們感受到不同的價值。就像 Apple 的核心價值是「豐富人們的生活」，如果你解決問題或尋找價值的方式讓人耳目一新，你在每個人的心理占有率

（Shape of mind）也會增高，它會回過頭助長你的創業渴望，你就能更有信心與使命感地將創業項目付諸實現。

創業經營藍圖

（第五層） 多變的管理方式 ➡ 創新的商業模式 ➡ 新穎的行銷手法
（第四層） 業務與通路 ➡ 穩定的合作夥伴與銷售渠道
（第三層） 資源計算 ➡ 比別人厲害的技術、資源、優勢或是特長
（第二層）商業模式 ➡ 從 0 開始創業 ➡ 從 1 開始創業（繼承、買賣、頂讓、轉讓、承接、加盟、連鎖）
（第一層）個人對創業的渴望

STEP 02 借用別人的想法來創造機會：遊戲的 App 賣出，獲利十倍

　　俗話說 10 個創業有 9 個失敗，這句話不假，如果連產業的專業知識都沒有，就把自己丟到創業路上從錯中學，讓資金持續燃燒、成本持續累積，很快地，創業項目就會被判上死刑。但是，創業也沒有想像中地困難，很多人都是連續創業家，它們的成功不是粉絲造神所編的故事，而是創業真的有基礎觀念。尤其在創業初期，多數人最大的問題就是不知道要做什麼，或是自己該做什麼，事實上，只是做自己「想」做和「會」做的事情是不夠的，你需要更多資源助你一臂之力。

在創業路上，我常常會問自己三個問題：
- ► 1. 你為什麼要創業？
- ► 2. 你創業的短期目標？
- ► 3. 你創業的中期目標？

如果在你已經有一個創業想法在腦海徘徊千百回，那我想這就是你應該要去嘗試的創業。但是在踏出第一步之前，一定要立定目標，這個目標可能是你的自我實現、營業額，也可以是創業項目的階段經營，要特別注意的是，目標必須要能非常明確且精準地被說出來，關鍵不在目標多宏大，而是立定之後，如何一步步實踐落地。

　　世界上有這麼多人，你所著手的創業想法可能在不同世界、不同角落也有人曾經這樣想過。但其實借用別人的想法並沒有不好，關鍵在於融合與創造，嘗試著多學習、多去看看世界各地的案例，或是觀察其他國家不一樣的創業市場，你會發現，成功的斜槓創業是懂得站在前人的肩膀上經營事業，並融入自己的想法，讓整個事業項目更加落地。如果你可以利用別人已經幫你打好地基的事業再發展，把別人的事業經營、發揮的比其他人更好，那麼借用別人的想法來創業也是斜槓創業者大展身手的好機會。

　　賈伯斯曾引用過畢卡索說的一句話：「**傑出的藝術家模仿，偉大的藝術家盜竊（Good artists copy, great artists steal.）**。」模仿（Copy）的意思是，你抄了一個眾所皆知的作品，世界上的人都知道你的作品是學別人的，一點創意都沒有，雖然你把這個概念放到自己的作品之中，但大家卻只知道你是學別人的，並且對這種行為感到可憐與輕視，即使模仿得再好，只能算是二流的；盜竊（Steal）這個詞的本意就是「偷走屬於別人的物品」，讓物品再也不屬於原作者，偷走它的

人才是新的擁有者，歷史上有很多這樣的例子，偷取好點子的人在世界上備受矚目、享受成果，而原本發明的人則被世界所遺忘，這些聰明的盜竊者做到了一件事：**賦予點子良好的資源，讓它得以被需要或快速傳播。**

▐▐▍ 遊戲 App 賣出獲得 10 倍利

　　我在美國念書的時候，就看到過很多外國人斜槓賺錢，有些人在學校賣餅乾，有些人自己寫網站，創業的氛圍已經瀰漫在每個學生的腦中。我記得在大學時期，曾經聽過一個演講，講者 Abby 是個專業的遊戲 App 開發商，工作是寫遊戲 App 並販售給別人，他們透過自己的技能將遊戲不斷地翻新，並利用遊戲原始碼拉皮（Reskin）與重建新遊戲來賺錢。數位資產買賣是他們生活中重要的一部分，在一開始的時候，這是個沒有人確定是否能長期營運的商業模式，直到有人願意購買他辛苦開發的遊戲 App，而且以價值 6 位數美金的價格買下，Abby 才開始把拉皮開發的遊戲 App 當成是一份可以打拚的事業。

 數位小辭典　　　　　Digital dictionary

　　拉皮（Reskin）：App 應用程式重新拉皮（Reskin），其實就是複製一個 App 應用程式的原始碼，利用美工將原來

的 App 應用程式樣貌做大幅度調整，讓 App 應用程式看起來與原本的完全不同。舉例來說，如果你擁有之前非常流行的「憤怒鳥」App 應用程式的原始碼，就可以利用現有的原始碼（源代碼）建立一個名為「瘋狂貓」的複製版本，在遊戲中可以用彈弓將小貓彈出來傷害小老鼠，這兩個畫面上看似完全不同的遊戲，但原始碼是完全相同的，只是在遊戲的圖像與設計上做了變化，被稱作「原始碼重新拉皮」。

Abby 在演講的時候曾提到，在此之前他並不知道自己可以把開發的 App 交給別人，對一個遊戲開發者來說，賣出 App 有點像是嫁女兒的概念，把他辛苦開發的遊戲 App 交給一個懂得經營的人，放下甜蜜的負荷。他說，收到這筆錢之後，他依然無法相信他一年半前所建立的遊戲 App 能為他帶來這麼多的收入。

他的故事激勵了我，原來透過拉皮的概念，每個人都可以成為斜槓創業的起步者與收割者，有些賣家將收益再拿去購買房地產，有些賣家拿賺來的錢投資更多數位資產，有些賣家則花時間去世界各地旅行，而這樣的賺錢方式，也已經在國際間發酵。

每位網路事業擁有者最寶貴的資產，就是利基點和業務的具體細節，這些資訊是競爭優勢，也是不能隨便分享給他人的祕訣。我也發現了這個機會，所以我在 Freelance.com 找

了一個遊戲 App 開發者，我和他長期配合，簡單地買了「憤怒鳥」的遊戲原始碼，利用這款遊戲做基底去開發全新遊戲，把「憤怒鳥」的鳥換成豬、豬換成羊，另一款再把羊換成雞……，就用這種模式重複複製了將近十套遊戲，這個模式讓我賺到了一筆錢。

▌▌▌ 把別人的想法做得更好

這個世代的年輕人充滿創意，但這個你可能覺得很酷的想法，在世界上的某個角落已經有人做出來了，借用別人的想法並不可恥，如果這個想法是很棒的，何不嘗試著把它做得比原創更好呢？所有的機會與想法都很容易模仿，但厲害的創業者，不怕他的經營門道公之於眾，不怕別人抄襲、借用他的想法，因為他知道愈多人借用，代表這個創業愈有潛力成功，勝負的關鍵就在借用別人想法的同時，如何把這個想法發揮得更好。

換句話說，如果是借用別人的創意能力，你可以從中間發想，讓這個創業項目能源源不絕地成長上去，你可以靠其他的創意來執行，也可以保有原本的創意，發展借用、融會貫通讓這些創業更吸引別人的眼球。

國際間有很多案例，都是先借用別人的想法再進行細部拆分，然後最後打敗了原先的發明者。例如，最早網路世界都是屬於 Yahoo 的天下，但是 Google 的出現把 Yahoo 原有

的搜尋功能做得更專精；Facebook 的崛起確實完善了 Yahoo 的找人功能；隨後，Facebook 的分享照片功能又被 Instagram 拆分；Snapchat 的即時分享功能也被 Instagram 拆分。再到 O2O 的出現，叫車 App 拆分了計程車的調配、管理功能，Foodpanda 拆分了餐廳接訂單以及送餐的功能；交通業者 Uber、Lyft、滴滴打車的廝殺，社群平台 Facebook、人人網、Twitter、微博的功能雷同等等，借用別人想法的創新無所不在。

借用別人的想法不只是完全複製，是拆分想法將原有的構想發揮得更好而獲得商機。創新絕對不可能一出現就做到爆紅成功，若迎來了發明者的巨大成功，中間一定還有其他選擇和挑戰。因此，藏住最關鍵的那一點就好，借用別人的想法放開心胸跟朋友討論，每個人的專業領域不同、觀點不同，跟別人多聊一點，就可能會挖掘出更多好的建議，甚至是完全顛覆自己的想法。對於新創而言，我們不該因為不敢借用別人的想法而停在原地，因為借用是「擋不住」的，唯一的辦法是借用好想法創造更多東西，讓創意源源不絕。借用別人的想法創業、把別人成功的模式學起來，以他人的想法為基礎再去發散，這種從 1 開始的創業，反而更為實際，也更能讓自己的創業贏在起跑點。

首先，建議你得具備以下這些思維，或許能幫你在創業的路上走得更快、更遠：

1. 優勢的技能

斜槓的優勢和個人喜歡不見得相同，你的興趣不一定是你的優勢，你的優勢也不一定和你的熱愛、興趣有關，找到那個優勢與喜愛重疊的關鍵灘頭堡，是斜槓創業者開啟的第一步。

想要你的斜槓創業成功，優勢技能一定要強，因為職場身分代表著它要有職場的功能性，以及被市場認可與變現能力。當你主業之外的業餘身分能被職場認可和變現時，就意味著這個業餘身分一定也是傑出的第二專長。但這些斜槓身分的養成不是一日之事，未來的世界裡，職場不是唯一的出路，擁有自己的個人品牌，把自己當作一個創業，才是未來的趨勢。

2. 認知自我

你要用不同的思維、不同的空間、時間去探索自己，盤點自己的資源與能力，摸索出這份斜槓的價值觀，包含你擁有什麼？你的能力、知識、技能是什麼？這些都是值得探索的。在探索過程中，別忘了要聚焦自我優勢，這是將自己能力變現最關鍵的價值。

3. 連接需求

職業的多重身分相對重要，代表著一個人的變現能力。

如果能用職業的專業去創造第二專長，它一定是能力。比如說有人編織毛衣非常厲害，那其實就是一個小愛好，不見得能成為另一項事業，但如果他可以很快地抓到顧客喜歡的花色、配合節日主題製造產品，那麼這個「織毛衣」可能就有機會成為一個斜槓項目。

斜槓工作的選擇不只是「有賺錢」即可，通常會賦予一個大目標且讓人更嚮往。例如：賺錢背後的自我提升、能力進階、高效工作等等，持續讓賺錢變得更容易，這才稱為斜槓。把自己當作一間斜槓創業公司，你的技能就是你的產品，當要把產品賣出去的時候，市場需要有人購買，如果市場沒人願意購買，你只能把它當作個人愛好，所以要找到這個技能可以幫助誰、完成什麼任務，熟知自己的優勢並連接需求很重要。

4. 技能產品化

很多人常常會把自由職業者與外包者統稱「斜槓」，但是我卻不這麼認為。今天講的斜槓身分，意味著你有主要職業，同時又擁有副業，這個副業能再幫你賺錢，開拓副業的同時，你一定要把你的技能包裝成產品化的東西推銷出去，這個輸出斜槓身分的環節非常重要，也就是要把「技能產品化」。

技能要被產品化，就要能夠提供一對多的解決方案，而不只是一對一。因為一對一的問題從某種意義上來講，還是

在賣時間成本，你會消耗大量時間去解決單一問題，即便你能賣出非常高單價的產品，也只是在做能力與智力的體力勞動，久而久之，就會比較難堅持下去。相反地，如果是一對多的解決方案，你的技能可以一次向多個相同需求的人販售，那麼這項技能就是被產品化，可以快速大量地變現。

▌▌▌ 用多餘的時間來進行生產

很多斜槓青年經營到最後，副業都變成了主業，但其實斜槓創業的本意，是要在主業之外，再用一對多的方式去解決問題，用你的多餘時間去背負多重身分。而在每次的交易中，你一定要做**相對投入產出比分析**，因為你自己創業公司，你在做這件事情的時候，投入的精力、熱情、時間，都需要仔細分析，讓整體產出和收益符合效益。

如果真的成功了，你可以獲得什麼？如果不成功，你又能獲得什麼？斜槓創業的同時，會需要做哪些取捨？各個階段性的收益，它能帶給你什麼？不只是錢，成就感、自我品牌、認知感、你的差異化與自己的自信都是收穫，而錢永遠都是最後兌現的。考慮清楚這些事情再開始，不要高估自己的毅力，很多時候並不是事情本身符合效益，而是因為毅力帶來的正向回饋，讓你暫時忘了付出的努力。但單靠毅力是很難長久堅持的，嘗到收穫的甜頭才是你堅持下去的目標，所以一定要考慮成本結構和收入來源。

▋▋ 你的斜槓身分，一定要跟你工作相關

對於職場經驗不豐富的人，我建議你先不要開啟斜槓身分，因為這必定和你曾經的工作技能相連，也是一個相輔相成的過程。斜槓創業已經是近年來新起的趨勢，建議以兼職的方式創業，但是要用全職的心態投入。剛出社會的新鮮人，仍然得先熟悉職場環境，再透過累積的技能向外發展。

最後，真正能夠做好斜槓青年的人還是非常少數，斜槓人生也不一定真的適合每一個人，上述的方法希望可以幫助你規劃自己的斜槓身分與職業生涯。就我自己的經驗來說，斜槓對我來說真的非常重要，這個身分並不是要給你的職場開一個後門，而是幫助你在工作上有更多能力的精進與培養，打造自己的職涯第二春。

你確定好打造自己的斜槓創業公司了嗎？接下來，我會用自己的經驗和你分享斜槓創業所帶來的挑戰與賭注，幫助你在開始之前做好心理準備與整體規劃。

STEP 03 斜槓創業的最大挑戰與賭注

　　斜槓創業最大的挑戰與賭注就是，你要像一塊海綿般的有超強吸收力，集合多項本領於一身，即便面對社會的光速變遷，也能很快找到自己的生存之道。也因此，現在愈來愈多年輕人，不願意被單一職業所定義，傾向用許多個「／」打個人形象，但在決定是否為自己加上「／」之前，我相信你一定要充分了解斜槓的機會與風險。

　　我是網站站長、新創 CEO、軟體公司股東、App 開發者，多重的身分就是希望在這個移動快速的網路大時代裡逐漸塑造自己的品牌。對斜槓創業的人來說，我認為最大賭注與挑戰就是怎麼樣讓自己的身分裂變，在還是螺絲釘的小角色時塑造自己的品牌。其實任何時代都沒有像現今這個網路世代能有多元的管道去經營自己，身在數位時代的我們，有很多角色可以讓你去挑戰，將職涯形塑成不同的長度、寬度、深度，這些都是經營催生斜槓創業的挑戰。當然，斜槓人生擁有挑戰能讓你攀越職涯的高峰，背後也蘊藏著付出的成本與賭注。縱然有人因為賭注而大輸特輸，但我想和你說的是，**這個賭注是有警訊的**。

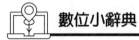

裂變：是指從一個點開始，將全部重心放在一個核心上，率先攻克，然後由這個核心點成功的去複製另一個點，由一個裂變到兩個，由兩個裂變到四個，以此類推，儲存到足夠的能量，最後達到全面啟動的效果。就像是做銷售都要有一個核心的重點，確定要銷售的是什麼，最終的目的要達到怎樣的高度，隨著社會的進步，人們會不斷地去追求完美的東西，所以，選定的核心一定要精益求精、全力以赴進行突破。

▋▋▋ 大忌：收入不穩、工作與休息的界線模糊

「斜槓」其實不全然是理性的，除了工作範疇的「兼職」、「副業」，還可以是生活態度。斜槓青年是一種全新的人生價值觀，它的核心不在於多重收入、也不在於多重職業，而在於多元人生。但是這種多元人生並非每個人都能在工作與休息間找到平衡，雖然你為自己增加斜槓的門檻，已隨著科技進展下降，也有愈來愈多人樂意以「斜槓」取代單一身分，但並非所有人都適合走入。無論你的出發點是希望務實地增加收入、降低失業風險，或想浪漫地享受「無邊界人生」，都必須先充分理解斜槓世代的機會與風險，才能找到自處之道。

要開啟斜槓人生，收入不穩、工作與休息的界線模糊是大忌。多元人生的前提是，穩定的收入來源仍然是當務之急，這是為什麼擁有一個正職再額外斜槓創業變得愈來愈盛行，除了正職工作外，斜槓事業必須要能長期性地經營，幫你帶來穩定的收入。至於工作與休息的界線，在公司規定的上班時間之外，擁有多重的身分，代表你需要對自己的時間有更嚴格的控管、自己當自己的老闆，你需要清楚劃分自己的工作時段與休息時段，避免自亂陣腳，解決收入不穩、工作與休息界線這兩件事情，這樣的斜槓人生才會過得多元有趣。

▌▌▌增加職涯發展組合，斜槓 ≠ 自由工作者

就現今的職場環境來看，目前一份工作的平均週期性只有 3 到 5 年，你不知道下一個 5 年會有什麼新科技來臨，自己的工作又會如何改變，因此，一個人就算擁有穩定的正職工作，還是應該要開發多樣化的工作組合與收入來源，為自己建構更堅固的安全防護網。

這邊要特別澄清的是，斜槓並不完全等於自由工作者，更著重在增加職涯的發展組合。無論在世界各地，選擇從事自由工作的主要理由不外乎「增加收入」、「得以更自由彈性地分配時間」、「工作與興趣結合」、「希望不斷學習新技能」、「擔心職務被取代」這幾個面向，而成為斜槓青年的目的，不是為了擁有額外收入，也不是為了能夠自由支配

時間，而是為了追求更豐富的人生和更完整的自己。

▌▌▌擇你所愛，追求豐富完整的經驗

「追求更豐富完整人生的」與「勞雇關係的質變」，共同掀起了這一波斜槓浪潮。無論「從事自由工作」或「非典型就業」的人數，都無法涵蓋既有正職工作、同時又從事其他領域專業的族群，在職涯規劃的選擇上，工作結合興趣固然浪漫，收入卻不比上班族穩定，因此，站在職涯選擇交叉路口的你，應該更瞭解自己要什麼。

以下，我特別列出「斜槓關鍵 15 問」，幫助你釐清自己，回答的時候，除了「是」與「否」兩個答案外，你也可以問問自己，這 15 個問題的行為你認同嗎？或是希不希望自己能這麼做？

斜槓關鍵 15 問　　　　　　　　　　　TEST

	是	否
1. 你會因為多種不同主題的事情而莫名興奮？	☐	☐
2. 你會自己打斷自己，丟下未完成的工作，改執行另外一項？	☐	☐
3. 常常一項事情精通之後，會覺得無聊，想要嘗試新事物？	☐	☐

4. 你對於「長大以後想做什麼」有很多答案？　□　□

5. 你想出點子後，寧願授權出去或聘用其他人
　 來執行落實？　□　□

6. 你曾經說自己是「18 般武藝，樣樣精通」？　□　□

7. 你很難回答「未來 5 年內打算做什麼」？　□　□

8. 你上大學時，選擇了跨領域的學科或者雙主
　 修？　□　□

9. 你在大學時，專攻某一特定領域但畢業後又
　 進入其他新領域？　□　□

10.你在工作上大獲成功後，曾覺得仍想做點別
　 的事，雖然你還不確定自己究竟想做什麼？　□　□

11.你不安於現狀，一直想要挑戰其他事情？　□　□

12.你對於傳統時間管理法中的長程計畫或詳
　 細的行程規劃，抱持懷疑態度？　□　□

13.某件事持續做一兩年後，你會想改做其他事
　 情？　□　□

14.家人曾和你說「應該定下來，在一個領域闖
　 出名號，不要一直轉換跑道」？　□　□

15.別人說過他們喜歡和你交談，因為你對他們
　 的計畫或活動都表現出熱忱？　□　□

STEP 04 善用數位時代的工具 讓創業從 1 開始

現今的網路世界就是共享世代，利用斜槓能創造更多新效能。我們可以發現國外的 Uber、Airbnb，一直到中國的滴滴打車、小豬短租，這些都是在這個數位時代裡幫助斜槓創業的一些數位時代工具。你有閒置的房子，可以靠 Airbnb 增加收入；你有閒置的車子，可以開 Uber 或滴滴打車賺錢，創業從來就不應該有邊界，一個人跨界的流動將會是創造新效能的最好方式。

▌▌▌時間與知識技能被充分共享的時代

數位時代裡，時間與知識已經能被充分共享，發揮創業的最大效能。很多工具可以讓你創業不需要從 0 開始，因為從 0 開始，光是起頭的發想 idea 到後續的執行經營，花費的時間一定超乎你想像，有了平台與工具幫你從 1 開始，斜槓創業者可以贏在起跑點，又有什麼值得猶豫的呢？

線上已經有非常多的平台可以讓你創業從 1 開始，舉凡美國知名數位資產平台 Empireflippers.com、大陸知名的魚爪

網或是臺灣的 FlipWeb 數位資產平台，這些網站都可以讓你快速找到新的創業標的物，只要上網瀏覽，就可以知道這個數位資產的好壞。從流量、損益（Profit and Loss, P&L）、會員資料等報表去分析這些數位資產有沒有投資買賣的必要，創業可以從別人已經打好的地基往上發展。

這就像是頂讓或加盟的概念，最重要的就是節省時間。線上資產，可以省去開發與引流導流的成本；實體店面，可以省去一切裝潢的時間直接開始經營，從有到有的生意其實更快，省下的成本效益，可能會連自己都感到不可思議。像臺灣知名連鎖火鍋業者「肉多多」，也是利用頂讓店面的方式快速擴展店面，利用前一手所打造的廚房與設備，再多加利用與翻新，新的肉多多分店馬上可以開業，節省的時間成本超過 70%，展店也比一般業者快非常多。

▌▌▌ 不求為我所有，但求為我所用

這是一種新思維的突破，資產不需要全部是自己一磚一瓦建起來的，而更求這些建好的房子能夠直接被拿來使用，直接開始賺取收益，接手者的關鍵工作就在拉皮與翻新，用最少的成本做到最好的成果。

數位時代裡最大的利基點，就是我相信「不求為我所有，但求為我所用」。在歌壇中大家都知道周杰倫與費玉清橫跨不同世代的交流，打造出〈千里之外〉這首歌，其實現實生

活中，異業結盟也是數位時代裡斜槓創業最大的優勢。你常常會看到哪個網紅和哪個網紅合作，或是誰與誰今天合作拍了一個 Vlog（viedoblog）。不是每種異業結盟都是為了賣產品，或是商人想異業結盟去突破銷售，在數位時代的異業結盟還包含「互洗粉絲」，這是一個可以快速吸引粉絲與擴大知名度的好方法，強強聯手做到雙贏，讓一加一大於二。

在這個共享新理念誕生的時代，互相結盟打破了企業的限制、地區的限制、國家的限制，每個人只要做好自己的身分與心態調整，都有機會抓住時代進步的空窗期、紅利期，做自己人生的設計師，重新規劃自己。在這個時候可以選擇創業，不論創業路徑是從 0 開始還是從 1 開始，對自己的個人特質開發與識別能力都有很大幫助，也拓展了這個世代裡每個人適合的生存與發展機會。

▌▌▌ 設計自己的最佳化策略

成功的斜槓創業，有兩樣東西不可或缺：**一是擁有用戶需要的產品與服務，二是擁有有效的平台與渠道**。所有的創業一定會有獨特的商業模式，連結產品服務與平台渠道，數位資產提供的就是要讓消費者能在前者有良好的用戶體驗，同時讓經營者能在後者快速布建，靈活組合與各類商業模式加總的可能，設計自己最佳化的策略。

在這個網路時代裡，建立強大的商業模式，你就可以成

為被追逐的對象。現今網路出現了很重大的變革，從 0 開始的創業因為成本太高，已經不如以往流行，新穎的商業模式更是持續迭代，很多人衝上了浪頭，創造一個絕佳的商業模式但是卻想轉換跑道；也有人沒衝上去、噗通一聲掉入水裡，最後真的經營不下去了，放任不管又會導致後果嚴重，只剩兩種選擇：一種是註銷，另一種就是頂讓，而無論是哪一種情況，看似之前的努力都徒勞無功了。

事實上，如今正有平台因此崛起，透過全新的商業模式，讓數位資產可以流動買賣。臺灣的 FlipWeb 數位資產平台就是這樣的舞台，平台上可以進行數位資產買賣、頂讓與轉讓，這樣的模式已經在國際間非常流行，很多人都利用從有到有的優勢成功創立的一個事業。或許你覺得不是寶貝、正要轉讓的東西，別人卻可能當作是寶，將它的後續經營發揮得更好。

說到這裡，你可能正困惑著數位資產買賣是否適合你？以下我特別整理了從有到有直接購買數位資產的經營優勢與劣勢，當中分別包含了經營者的角度與消費者的角度，提供你參考：

一‧優勢：

1. 網路上開店成本低：避免實體店的租費、裝修費、水電費等。網上賣家不用經銷商，廠商直接進貨，價格上具有很大的優勢。

2. 沒有傳統商店營業面積限制：店面風格多變、銷售方式多樣，可以滿足不同消費者的視覺、感官。數位資產的覆蓋面廣，我們面對的顧客是全國甚至是全世界，只要有電腦可以上網，數位資產就有可能被發現，所以數位資產具有巨大的潛在市場。

3. 沒有時間限制：網路商店可以 24 小時對客戶開放，只要用戶登錄網站，就可以挑選自己需要的商品。

4. 數位資產的鋪貨進貨非常方便：透過線上數位資產的操作，鋪貨進貨的時效性非常快，數位資產可以快速地找到新貨物上架，也能快速地向各個銷售渠道鋪貨。

5. 交易方式穩妥：對於一些商品可以先使用後付款，退貨也非常方便。因為第三方支付由平台方先代管交易金額，待消費者提貨後才撥款給賣家，對買賣雙方而言都方便安全，退貨也方便。

6.購物環境「安靜舒適」：在現實生活中，頗令人反感的導購、銷售人員從顧客進門就開始不停的詢問其購買意向、介紹本店商品等等，這都會使很多消費者感覺不自在、有壓力，甚至有些職業素質偏低的銷售員會視消費者的穿著、身分等區別對待，若試穿後不買更會冷言冷語。而在網上店鋪購買商品，則沒有這種煩惱，自己可以隨意瀏覽在線陳列的商品，不會有人催促，也不會有人將商品強行推銷，同時還可以不受干擾地與賣家討價還價。

7. 對於顧客而言，私密性強：對於一些敏感性的商品，

顧客可能會感到尷尬，數位資產全數線上操作，避免了這一問題。此外，商家信譽也是一眼便知，買家對賣家會對彼此有一定的瞭解，正向經營留下的評論與評級，對賣家的商品質量以及服務都有一定保證。

二·劣勢：

1. 商品圖片直接關係到購買： 由於是數位資產，貨物表達方式無法直觀、生動，只能通過照片來展示商品，這樣的話，一般賣家都會對圖片進行一些處理，不如實體店商品來得真實。

2. 品牌知名度薄弱： 在現代社會大多數人追求品牌的現狀下，知名度不高的店鋪會失去一定的顧客，所以要一步步經營消費者的品牌意識，建立屬於自己特有的品牌。

3. 物流問題多： 運輸途中發生各種情況都是有可能的，數位資產販售出的實體商品多半採用物流發貨，運輸是一個問題，無論是哪種方式的物流，問題都是不可避免的。

4. 網路安全問題： 由於在線上完成交易，要通過網路銀行、支付寶等等，對於不太接觸線上支付的買家而言比較麻煩，也容易產生安全疑慮。

5. 信譽與評價的評定： 不利於新商店的發展，信譽與評價是優點也是缺點。對於實體店而言，新開的店往往比老店來的熱門，但在數位資產中，情況絕對是相反的，因為網路新店容易因為信譽與評價數量少，而讓消費者產生購物遲疑。

看完上述的優劣勢後，你認為數位資產的斜槓創業適合你嗎？本章節的最後，我想帶你思考一個更深度的問題：斜槓創業對你的人生意義為何？

你是想找一個機會，還是一份工作？

很多人常說：人的一生有二次成名的機會，不管你是窮人還是富人，每個人都有這二次機會，那你要如何把握這個機會呢？現實很殘酷，時機不等人，但是大家都知道，機會一定是留給準備好的人。斜槓青年這一詞在社會刮起一股趨勢，這股趨勢也讓大家開始反思創業到底是夢想、是工作，還是完善的人生價值。時代的變遷，有能力的人得以擺脫組織與公司的束縛靠自己賺錢，從單一正職走向兼職創業，跟過去相比已經非常幸運。

當斜槓成為未來的趨勢，多重收入不只是每個人想達到的，也已經是每個人都有機會做到的，那麼，你是想找一個機會，還是一份工作？

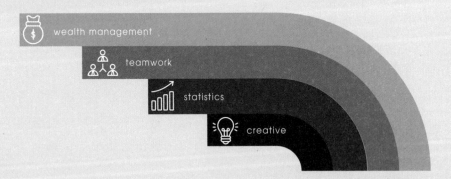

wealth management

teamwork

statistics

creative

數位資產
有多重要

Starting from ONE

PART. 3

斜槓崛起、資深工作者拉出第二曲線的現象，都是為了做第二事業的鋪陳，而當所有人都想擁有自己的事業時，數位資產的建立就變得非常有價值。我們在網路上看到的複合型 IP、Instagram 個人帳號、YouTuber Channel，就是以自己興趣養成的自媒體。這些帳號有的靠著自我人氣賺錢，有的甚至和商業行為的電商結合，做出第二生意。數位資產的重要性，從個人的深度經營、自我的數位資產展示，再到變現，整套商業模式已逐步成形。

　　發展至今，數位資產已經分作超級數位資產、大型數位資產、小型數位資產、個人化數位資產、主題性數位資產等。

 數位小辭典　　　　　　　　　　　Digital dictionary

　　超級數位資產：也稱為網路獨角獸，像是非常賺錢的 Amazon、Facebook、Youtube。

　　大型數位資產：有網路聲量也很賺錢的像是 Lazada、蝦皮、Momo。

　　小型數位資產：一般電商，有賺錢也有名氣的像是 Lativ、Citiesocial 找好東西 ，或是一般的小型電商。

　　個人化數位資產 ：一般是以人為主體，例如周杰倫的 Instagram 帳號、林書豪的粉絲專頁。

　　主題性數位資產：一般會以興趣為取向，我愛台南美食粉絲專頁、林書豪的非官方網站。

這些不同規模、種類的數位資產崛起，帶來強大的變現能力，也已經成為網路世代競相追逐的目標與粉絲簇擁的對象，現今網路世界裡，數位資產的養成絕對是最重要的機會。

數位資產的養成也愈來愈接近投資。國際知名的網域註冊廠商 Godaddy 在 2019 年也開始著手經營網域名稱投資業務，如果你因為專案胎死腹中，或只是因為名稱很酷而註冊了網域，導致有未使用的閒置網域名稱或空帳號，可能都非常值錢。網域投資跟一般投資一樣都需要買低賣高的技巧，不過和股票或共同基金不同的是，投資標的物也轉變成網域，你可以把這當作不錯的副業，甚至有些聰明的企業家就靠網域投資賺錢。

▌▌▌ 數位資產就是品牌的象徵

隨著數位資產一步步發展，每天都有無數的數位資產在孵化，它象徵著某種程度的創意與創業追求，往後將有更多人透過養成數位資產兌現，甚至利用這些資產產生被動收入。然而，數位資產的養成該如何做到呢？

這裡有個關鍵的詞：**極致**。我們都知道，賈伯斯對產品的極致、專注與熱情，讓他取得了登峰造極的成就。在移動網路的世代裡，每個人都是網路的入口，不論是開設 LINE@、建立社群、行銷產品，只要能做到「極致」，一樣可以擁有在網路上創業的機會。例如你是一個很會吃螃蟹的

人，你擁有極致的吃螃蟹技能，可以讓蟹肉損耗最低，你就有機會成為一個懂得吃螃蟹的 KOL；漸漸地，螃蟹商會找你代言、愛吃螃蟹的人會成為粉絲，慢慢地把你的品牌推廣出去並產生價值，這就是個人化數位資產的養成方式。

數位資產在現代就是一個人或一群人的品牌象徵，如果現在你已經開始思考自己可以怎麼開啟數位資產的養成之路，那以下分類將提供你六個可以經營的參考方向：

1. 內容型數位資產

健身、旅行、煮飯、整理衣櫥等，在網路上直接提供種類繁多的實用性知識，為粉絲帶來真實、貼合實際、親切的消費參考，這樣的內容與影片拍攝模式貼近草根族群，粉絲輪廓明顯。

2. 垂直型數位資產

例如：xxx吃遍台北、xxx帶你遊高雄，選擇一個可以廣大發散議題的主題來聚焦。這類經營需要更專業的垂直知識，比起內容型數位資產，他們的受眾群眾、地域更加垂直，在這個數位資產遍地開花的時代，愈聚焦、愈垂直，愈有可能快速成功。

3. 電商型數位資產

電商本身就屬於可以賺錢、有營收的電子商務網站，比

起垂直與內容數位資產，獲利方式更直接。這類型的數位資產有長尾效應，較不容易在爆紅後就被遺忘，好的電商數位資產值得擴大經營產品線，用更少時間賺取更多報酬。

4. 遊戲型數位資產

遊戲數位資產屬於遊戲帳號與寶物，如今，遊戲帳號的買賣已經非常熱絡，比起其他類型的數位資產來說客群明顯，但複製程度極高。受歡迎的遊戲數位資產可以販售的價格非常高，也有很多遊戲玩家專門從事遊戲資產買賣。

5. 投資型數位資產

投資型數位資產指的是有營收或是有流量的數位資產，有些數位資產有很好的流量但沒有營收，有些數位資產有營收卻沒有流量，這樣的數位資產我把它歸類成投資型數位資產，這些數位資產可以拆分，並利用資產屬性與特性來做精準投資。

6. 社群型數位資產

社群型數位資產是目前最方便也最容易成立的，Facebook、Instagram 這些都屬於社群型數位資產，利用平台的屬性聚集專屬 TA，再讓這些 TA 變成你專屬的社群，模式簡單快速。

▌▌▌ 累積數位資產＝累積財產

　　在現今社會，數位資產的重要性已經不亞於一般資產，不僅沒有傳統商店營業面積的限制，數位資產網路商店的覆蓋面積也廣，只要用戶有電腦可以上網，你的銷售軌跡就可以輻射全世界、你的數位資產就有可能被發現，如此時效性好、方便快捷的特性，讓數位資產成為這個世代的最佳輕資產。

　　當 AI 開始取代專業、機器人開始入侵製造業、無人車與自動駕駛的時代快要來臨，工作者維持競爭力的危機感已經慢慢出現，不懂得建立屬於自己的數位資產，很有可能在快速變遷的時代裡輸在起跑點。數位資產是一種投資、充實感、多功能的行為。你每天花 10 分鐘經營的一個粉絲專頁，可能在將來高價賣出給大品牌商變現，而這樣的數位資產買賣輪廓已經在世界各地發生。

　　數位資產的累積就像累積財富，先存先有。你想經營內容型數位資產，先別在意文筆好不好，寫出有知識的內容就好；想做垂直型數位資產，先別在意影片拍得好不好，能清楚傳遞就好。因為不寫、不拍就是什麼都沒有，經營本身就是不斷精進、愈來愈好的過程，先踏出第一步，才有機會走到目的地。慢慢地你會發現，累積的數位資產可以讓你賺錢、出名，甚至可能有人會找你出書，周圍的效益會開始湧現，所以無論你的年齡、專業、興趣為何，累積數位資產是今天就可以開始的工作，愈早開始累積，觀眾愈多，你可以根據

自己的才華和專業建立相對應的數位資產，盡可能在網路上創造內容累積群眾。

這些群眾將會是你的潛在客戶，待到數位資產達到了「變現門檻」，一部分的粉絲變成你的客戶，長久的累積與投入的資產就開始發揮它最實際的價值。

我曾經跟一個擁有十家不同平台的電商老闆聊天，他說其實之前他只經營一個電商，但是隨著時間與網路的進步，陸續併購了同業與其他更有主題性的電商平台，把自己的事業與電商養大，讓數位資產也可以是累積財產的一部分。

在這個數位資產與知識經濟的時代，**最精實的創業就是累積自己的數位資產能量**，以寫部落格為例，這就是一個最簡單累積的方式。你所寫的每一篇文章，都會有累積的效果，如果一篇沒反應，寫十篇、百篇之後會開始有小型影響力，寫到上千篇的時候，文章會開始占據搜尋引擎的關鍵字，這時你就已經開始透過內容型數位資產累積能量，擴張自己的勢力範圍，每一個文章都是一個種子，有寫有機會，先做先贏。

▌▌▌ 數位資產之外的無形財富

數位資產的養成可以帶來無形的財富，養大你的能見度，在數位世界裡，**財富就是你可以掌握多少支援與流量，流量代表著能見度，而通路就是你累積的方式之一**。無論你是經營哪個類型的數位資產，都要讓你能傾心投入，並保持帳號

的活躍性。因為把數位資產養大需要花時間和精力，這些投入必定有回報，且效應有增無減，即使是小小的參與互動，都有機會擴大數位資產的能見度。我曾經與 AppWorks 之初創投的創辦人林之晨聊天，他告訴我在一開始沒有人認識他的時候，他就建立了 Mr.Jamie 部落格，他堅持每天早起寫文章，讓大家在網路上可以搜尋到他，也讓他在這個領域塑造出專業的形象，可以將新創理念輕鬆地傳遞出去。幾年後這個部落格對他的創投之路有了很大幫助，成功讓他在創投業界奠定了基礎。

如果你說數位資產能帶給你什麼，那最直接的收穫無非是名氣與現金。你希望別人怎麼評價你、看待你？數位資產的養成可以塑造出你的專業形象與能力，在經營過程中，只要每天努力告訴別人一點你的專業知識，在不久的將來，這個數位資產就是你的形象、名片。有了名氣、粉絲，數位資產也能幫你帶入現金流，為固定收入增添活水。**如果你嫌內容型的數位資產累積時間太長，很多電商型的數位資產從開始建立到販售就是為了要賺錢，數位資產的建立也可以讓你有正向現金流，脫離負債人生。**

▌▌▌ 數位資產的 4 大優勢：

1. 易於跨境全球市場

一個數位資產的市場有多大？只是全臺灣嗎？不，是全

世界！只要有網路的地方，輸入網址，全世界的人都有可能是你的顧客！相對於開實體店面有所限制、只能服務一定地理範圍的人群，數位資產讓跨境全球市場更容易。

2. 24小時不打烊

在數位的世界裡，你的數位資產可以 24 小時營業，在你沈睡時持續幫助你賺進訂單，不需付出額外的人力、水電成本，只要網站可以連線，用戶什麼時候上線都能做生意。

3. 節省人員成本

如上一點所提到的，開實體店面需要雇用人員，多一筆薪資支出，還要負擔店租、水電費用，如果沒有一定的營業額，很難在店租高昂的地段生存。但在數位世界就單純許多，你不需負擔這些成本，可以把支出省下來，反應在商品的價格上。

4. 流量更便宜

如果你是實體商店的老闆，要擁有人潮需要付出高昂的租金，以確保商店位於絕佳位置。然而，在數位世界裡，你可以透過撰寫部落格、經營社群媒體，不花一毛錢地去吸引訪客造訪、累積流量，進而在搜尋結果中爭取到較高的排名，增加曝光與點閱。

STEP 01　抓緊數位時代的浪潮

　　聊天機器人的興起、AI 將取代人類、大數據的應用、電商大洗牌蝦皮與商店街之亂 ²、VR 和 AR 的應用、Google 購物廣告的引進，這些趨勢即使你還沒擁有數位資產，可能也都有所聽聞。現在電商世界的腳步之快，稍微沒有跟上產業變化，很有可能就會落後同業很多，身處數位時代的我們又何嘗不是呢？數位時代的浪潮已經愈來愈明顯，一個人的時間是很公平的，每個人一天只有 24 小時，我建議你一定要透過現今數位資產的趨勢與浪潮，跟者時代往前進。時間是不等人的，如果你錯過這次數位資產建置浪潮，要再從頭建置又是重大挑戰。

　　根據資策會產業情報研究所（Market Intelligence & Consulting Institute, MIC）統計，臺灣電商類型數位資產市場仍然

註2　PChome 在蝦皮之戰裡，外人看起來是節節敗退，商店街開啟了補貼之戰，結果 2017 年商店街虧損了 10 億，2018 年 Q1 就虧損了 9 億，商店街也計畫下市，一連串的負面消息，讓人感覺 PChome 面對蝦皮，拿不出對策，慌了亂了。

具有成長的潛力。在 2015 年時，電商市場的規模只有 7 千億元，到 2016 年已突破 1 兆元，預計到了 2022 年，有翻倍至 2 兆元的潛力。行動購物來勢洶洶，狠狠打敗多年來以電腦為主的網購市場，2022 年被看好將成長至網購市場的六成占比，幾乎是宣告行動電商的時代已經到來。

身在行動網絡如此蓬勃的年代，數位資產的價值取決於如何集合自己獨特的資產，這個資產的組合，可以變成你獨有的商業模式。一項成功的事業，很多時候不只憑經營的努力，更要看天時地利人和。數位時代每天都牽引著不同的人群，順勢而為找到利基是成功創業者的基本功力，如果可以建置屬於自己的數位資產，結合數位網路將行銷、業務、研發、客服和管理等因素考慮進去，並設身處地為客戶設計出最合乎需求的商業價值鏈，這樣你就可能跟世界各地的需求接軌，成為數位時代的大人物，讓自己贏在時代的起跑點。

數位資產的累積與建立已經是一股新浪潮，無論是工作者或是公司，你需要累積適合自己的數位資產，從經營開始，想辦法提高流量、增加轉單率。提高轉單的方法也許是經營品牌的粉絲專頁、LINE@ 生活圈、向粉絲推播新品上市的訊息，也可能是投放 Google、Facebook 再行銷廣告，讓你的顧客被「推坑」衝動下單，又或者是和網紅、部落格合作，增加網路聲量，讓更多人認識自己的數位資產。

你會發現，經營數位資產的方法其實百百種，經營者最需要的就是持續學習新知，並將這些所學應用與發揮，而這

股浪潮還是會持續，個人在累積財富時，不只看實體資產，更看數位資產；公司在經營品牌時，也要看自己擁有多少數位資產，這些數位資產不只能為個人或公司帶來價值，也可能成為投資變現的一種方式。

而成功的數位資產經營又是怎麼樣的呢？關鍵就在你怎麼順勢乘風破浪，以下我就以擔任數位資產仲介的經營者，分享 3 個不一樣的成功案例。

1.【社群平台、網站】新愛情小語粉絲團＋不斷購買新粉絲

養一批粉絲，利用粉絲來經營自己的數位資產，不斷透過數位資產仲介買更多粉絲，維持粉絲一定的熱度與參與度，直接併購讓每次成長不是從 0 開始，增加數位資產的能見度，也讓粉絲有更多價值。

2.【App】氣象 App ＋不斷購買新技術

實現創新的點子，利用政府的 OpenData 數據來分析氣象狀況，直接透過分析數據推播給使用者，透過數位資產仲介找到競業相關產品與技術，結合新技術 AI 與機器人分析，直接融入系統從有到有，讓氣象分析也可以更聰明。

3.【商城帳號】網路家電經銷商＋不斷擴充產品線

塑造不可複製的良好信譽，是做電商最具有價值的武器，不斷透過數位資產仲介找到合適領域的數位資產，只要業績

好且信譽佳都可以併購，成功讓網路家電經銷商跨足女性服飾產業，直接從有到有享受擴充紅利。

即使經營的平台不同、類型不一樣，這三間公司仍然透過累積數位資產，不斷擴大自己的事業版圖與影響力，其實，數位資產的成功關鍵點在於你要如何使用資產所衍生的全新工具。資產都是有價值的，在網路世界中，已經有多數人印證原本以為沒有價值的東西，到了別人的眼中可能會是一個大寶物，如何讓這些資產可以在網路上更加活絡，就是數位資產的成功關鍵點。

STEP 02 從 0 開始／從 1 開始的差別：觀念養成

　　如果把數位資產的趨勢比喻做一道浪，那麼這個時代的創業家，可以簡略分作沙灘上的兩批人；一批自己造衝浪板追浪，一批買現成的衝浪板、跟著前人的經驗去衝，如果是你，你會選擇哪一項呢？這兩個又有什麼差別？

　　答案非常簡單，自己從 0 開始可能犯錯、耗時間，導致低效率，但是**從 1 開始**卻可以知道前人的錯誤，從錯誤中學習，直接上手進行。正因為效率高、累積成就的效率快，從有到有的創業已經是國外最新的創業模式。就像加盟事業一樣，選擇加盟的人通常希望可以藉由加盟體系的 SOP 節省時間，你只要遵照這份 SOP 開店，加盟店成功機率就非常高，如果再在店中加入經營者特有的創意與創新想法，那開店的成功機率就又會再往上提升。其實創業不一定要從 0 開始，從 1 開始反而是簡單卻不讓自己一再走錯路的好方法。

　　我曾經仲介過一個電商，那位新老闆和我說，他一直想做電商，只是他知道只要一踏入經營，商品上架、連絡廠商、現有客源、跟平台談活動、訂貨出貨、進銷存的建置等等，電商要準備的事情就會接踵而來，大小狀況只會愈多不會變

少，所以當時我推薦了他一個在 FlipWeb 上待售的電商案件，他毫不猶豫地買下。後來他告訴我這次的買賣確實幫他省下超多時間，他可以直接經營，接手第一天就有訂單，後續只要投放廣告，每天訂貨出貨，其他繁瑣的事情都不需要費心，因為他已經有別人經營已久的事業作為營運基礎，剩下的就是向上延伸。就像是農夫直接在收割季買下一片田收割販售一樣，他只要想著如何把米賣好。

　　站在斜槓創業的交叉路口，如果你正在猶豫應該「從 0 開始」或是「從 1 開始」，以下我設計了一個表格，第一欄是你認為創業中重要的參考點，第二、三欄則是從 0 開始、從 1 開始的經營是否具備這項指標，你不妨也試著填填看，思考哪種方式是適合自己的創業工具。

模擬版

參考點	從 0 開始	從 1 開始
創業風險	V	V
投入資金	V	V
管理經營	V	V
產業經驗	X	V
廠商關係	X	V
精準客源	X	V

實際版

參考點	從 0 開始	從 1 開始

STEP 03

買得對比買的好還重要：騰訊買遊戲公司

一般人經營事業與數位資產，首先一定會先看有沒有發揮價值與長銷的祕訣，如果這個數位資產可以長銷，持續製造正向現金流與大量流量，這樣的數位資產絕對非常值得購買。在數位資產買賣的世界，很多成功是歷久彌新的，每個人都想要有具代表性的事業鉅作，但買得多、買得便宜都不是重點，重點是這個數位資產到底可不可以發揮正向的影響力。

我相信對於創業有憧憬的人來說，大多數人都不太知道自己想要做什麼。首先我們必須承認，很多時候你必須得想破頭才能想到一個好的創業主題，況且需要對準風口、有立即需求，所以為什麼數位資產的質量跟價格都重要？因為買得對才能讓創業項目發揮影響力，達到長銷。

以我很喜歡的電影《刺激 1995》為例，這部電影的首映成績並不理想，放映的電影院不到一千家，票房幾乎無法打平製作預算，後來原始製作團隊把它賣給了另外一家製作公司，最後，這部電影從上映至今已經進帳超過一億美元，每週末打開電視都有頻道在重播，連電影中的配角至今都有定期的支票可以收。[3]

選購好的標的物非常重要，數位資產的買賣和經營像是這場電影的買賣，好的資產可以讓你進帳收入，也可以讓你的資產變成長銷商品，買得對才能讓資產變成長期資金來源、默默賺錢，甚至每年都為你帶來收入。他們就像黃金與土地，會隨著時間增值，世界上總有某個人覺得你的資產有價值，這就是選擇標的物的長銷祕訣。

　　然而，如何買對數位資產？**運氣絕非是唯一成功因素，擁有正確思維、流程與商業策略，才會增加成功機率。**

　　好的數位資產確實是人人搶著要，好的創業項目也是大家搶著做，但當提到「成功」兩個字，很多人可能會想：他們比我優秀、他們很特別、他們必定特別受上帝的眷顧、只有天才才會成功。但我相信事實不是這樣，很多成功的因素一定是時間、地點、人，各個面向都要恰巧到位，成功也有必備條件。舉例來說，在選擇斜槓事業時應該依據你的個人特質，適合什麼就經營什麼。如果你適合運動項目的數位資產，你應該尋找有關於運動用品的標的物；如果你喜歡化妝品，你應該尋找一些有關於美妝部落格的標的物；如果你特別愛彈鋼琴，你應該找看看有關於音樂的網路商店，把興趣

註3　源自：After all of the video rentals and TV air time, the film's actors are still earning a healthy residual income from the movie they shot two decades ago.（https://www.businessinsider.com/actors-from-shawshank-redemption-residual-pay-2014-6）

當成主要收入，找到符合自己的方向。

找到方向後，判斷一個對的數位資產或是好的創業，我相信一定要考慮以下 12 項指標：

1.Traffic 流量

一個數位資產的好壞，流量絕對是第一個需要觀察的指標。網站流量是指網站的訪問量，流量愈高也代表你的網站愈知名。

2.Acquisition 會員取得

獲得客戶、會員、使用者，不管是自架官網、App 或者是平台上架的商品，人絕對都是最難取得的。

3.Activation 產品啟用

做了廣告、活動後，客戶上來逛你的網站，第一眼怎麼抓住他的眼球，怎麼樣可以讓他對產品啟用，這些都是值得關注的。

4.Retention 會員留存

到站的人完成目的後你就不管他了嗎？千萬不要這樣，品牌一定要經營，當客戶下訂之後，你就會取得他的資料，你可以利用工具再行銷。

5.Revenue 營收表現

檢視你的獲利。其實不一定只是存在金錢上的獲利，會員的累積、會員的價值、品牌的能見度、金錢流轉，都可以當作是好的營收表現。

6.Referral 轉介分享

許多消費者在購買前更注重「F因子」，包括朋友（Friends）、家人（Families）、粉絲（Fans）等等，消費者普遍對廣告不信任，使大家在消費前更看重親友、KOL推薦。

7.Content 內容表現

不論你是做什麼樣的數位資產，內容表現都非常重要，通常資產上的內容會緊密的與流量進行結合，所以好的內容絕對是好資產的最佳罩門。

8.Social Status 社群狀態

社群力可能大於品牌力，網路社群的狀態也是每個品牌注重經營的項目，資產不是只看資產本身，相關的社群力也相對重要。

9.Reputation 好名聲

別人口中的你、朋友口中的你、大家口中的你，在現在

的數位世代裡非常重要，好的名聲可以讓資產持續經營，名聲的維持也是非常重要。

10.Rating 好評價

資產的評價也非常重要，我看過很多委託案件常常不在乎資產評價，但 Google Review 低，或是 Facebook 被打壞評，這些多多少少都會影響資產價值。

11.Users Behavior（UI ／ UX）使用者體驗

在實體的環境裡，你會因為一家咖啡廳裝潢的很漂亮去消費，一樣的道理，數位環境裡裝潢就是使用者體驗，你的資產裝潢很好也就代表使用者體驗好。

12.Users 使用者

使用者和會員是資產最基礎的一環，所有的資產都需要圍繞在有沒有流量與有沒有使用者。

數位資產的估值目前也可以用一般企業與公司估值方法，我在這邊特別為大家整理出來。公司在進行股權融資（Equity Financing）或併購收購（Merger & Acquisition，M&A）等資本運作時，投資方一方面要對公司業務、規模、發展趨勢、財務狀況等因素感興趣，另一方面，也要認可公司對準備出讓的股權的估值。

▋▋▋ 一、 公司估值方法

公司估值有一些定量的方法，但操作過程中要考慮到一些定性的因素，傳統的財務分析只提供估值參考和確定公司估值的可能範圍。根據市場及公司情況，被廣泛應用的估值方法有以下幾種：

可比公司法：市盈率估值分析

P ／ E（Price-to-Earning Ratio）（市盈率，價格／利潤），上市公司市盈率有兩種：

► **1. 歷史市盈率（Trailing P ／ E）**——即當前市值／公司上一個財務年度的利潤（或前 12 個月的利潤）
► **2. 預測市盈率（Forward P ／ E)**——即當前市值／公司當前財務年度的利潤（或未來 12 個月的利潤）

公司價值＝預測市盈率 × 公司未來 12 個月利潤

目前國內主流的外資 VC（創業投資，Venture Capital）投資價格，是對企業估值的大致 P ／ E 倍數，一般會希望回報率是 10 倍以上的資金。[4]

可比交易法：參考同行業估值

挑選與新創公司同行業、曾經被投資、併購的公司，基於融資或併購交易的定價依據作為參考，從中獲取有用的財務或非財務數據，求出一些相應的融資價格乘數，據此評估目標公司。可比交易法不對市場價值進行分析，而只是統計同類公司融資併購價格的平均溢價水平，再用這個溢價水平計算出目標公司的價值。

現金流折現：可預期未來產生的現金流總和還原成現值

$$P = \sum_{t=1}^{n} \frac{C \cdot F_t}{(1+r)^t}$$

計算公式如下：

► P —企業的評估值

► n —資產（企業）的壽命

► CFt —資產 （企業）在 t 時刻產生的現金流

► r —反映預期折現率

註 4　源自：創業投資之所以鐘情於高新技術，是因為高新技術能夠創造超額利潤。創業投資多年來屢向世人展示奇蹟，平均回報率高於 30%，一旦投資成功，其回報率有時高達 10 倍以上，遠遠超過了金融市場平均回報率。創業投資者追求的正是潛在的高收益，這往往是投資額的數倍甚至更多。（https://wiki.mbalib.com/zh-tw/ 创业投资）

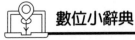

數位小辭典   Digital dictionary

Discount Rate 折現率：折現率是指將未來有限期預期
收益折算成現值的比率。本金化率和資本化率或還原利率則
通常是指，將未來無限期預期收益折算成現值的比率。

折現率＝無風險報酬率＋風險報酬率

　　折現率是預測風險最有效的方法，因為新創公司的預測
現金流有很大的不確定性，折現率比成熟公司的折現率要高
得多。尋求種子資金的新創公司，資本成本也許在50％至
100％之間，早期的創業公司資本成本為40％至60％，晚期
的創業公司的資本成本為30％至50％，對比起來，有更加成
熟經營記錄的公司，資本成本在10％至25％之間。

　　這種方法較適用於較為成熟、偏後期的私有公司或上市
公司。

資產法

　　資產法是假設一個謹慎的投資者，不會支付超過與目標
公司同樣效用資產的收購成本。這個方法給出了最現實的數
據，通常是以公司發展所支出的資金為基礎，這個方法的不
足之處在於假定價值等同於使用的資金，投資者沒有考慮與

公司運營相關的所有無形價值，另外，資產法沒有考慮到未來預測經濟收益的價值，所以，資產法對公司估值，結果是最低的。

▌▌ 二、 風險投資估值的奧祕

回報要求

　　風險投資估值運用的是投資回報倍數，早期投資項目VC（Venture Capital，創投基金）回報要求是 10 倍，擴張期／後期投資的回報要求是 3 至 5 倍。為什麼是 10 倍，看起來似乎是暴利？但事實上標準的風險投資組合是以下這樣，假設有 10 個投資項目，一般只會有 1 個達到 8 到 10 倍。

- ► 4 個失敗
- ► 2 個打平或略有盈虧
- ► 3 個 2-5 倍回報
- ► 1 個 8-10 倍回報

期權設置

　　投資人給被投資公司一個投資前估值，那麼通常他要求獲得股份就是：

投資人股份＝投資額／投資後估值

比如投資後估值 500 萬美元，投資人投 100 萬美元，投資人的股份就是 20％，公司投資前的估值理論上應該是 400 萬美元。

但通常投資人要求公司拿出 10％左右的股份作為期權池（Option Pools），相應的價值是 50 萬美元左右，那麼投資前的實際估值就變成了 350 萬美元了：

350 萬實際估值＋ 50 萬期權＋ 100 萬現金投資
＝ 500 萬投資後估值

相對地，企業家的股份只剩 70％（＝ 80％－ 10％）。

 數位小辭典   Digital dictionary

期權池：期權池（Option Pools）是在融資前為未來引進高級人才而預留的一部分股份，用於激勵員工（包括創始人自己、管理階層、普通員工），是新創企業實施股權激勵計畫（Equity Incentive Plan）最普通採用的形式，在歐美等國家被認為是驅動初創企業發展必要的關鍵要素之一。

把期權池放在投資前估值中，投資人可以獲得三個方面的好處。

第一個好處，期權僅僅稀釋企業家（原始股東）。如果期權池是在投資後估值中，將會等比例稀釋普通股和優先股股東。比如 10% 的期權池在投資後估值中提供，那麼投資人的股份變成 18%，企業家的股份變成 72%：

20%（或 80%）×（1-10%）= 18%（72%）

　　可見，投資人在這裡占了企業家 2% 的便宜。

　　第二，期權池占投資前估值的份額比想像要大。看起來比實際小，是因為它把投資後估值的比例，應用到投資前估值。在上例中，期權是投資後估值的 10%，但是占投資前估值的 12.5%：

50 萬期權池／ 400 萬投資前估值= 12.5%

　　第三，如果你在下一輪融資之前出售公司，所有沒有發行的和沒有授予的期權池將會被取消。這種反向稀釋讓所有股東等比例受益，儘管是企業家在一開始買的單也一樣。比如有 5% 的期權沒有授予，這些期權池將按股份比例分配給團隊，所以投資人應該可以拿到 1%，企業家拿到 4%。公司的股權結構變成：

100% = 企業家 74%＋投資人 21%＋團隊 5%

換句話說，原屬於企業家的部分價值在投資前進入了投資人的口袋。風險投資行業都是要求期權在投資前出，所以企業家唯一能做的是盡量根據公司未來人才引進和激勵規劃，確定一個小一些的期權池。

對賭條款：根據預測利潤和實際利潤算出估值，去中間值

► **投資前估值（P）**＝P／E倍數 × 下一年度預測
  利潤（E）
► **投資後估值（P）**＝P／E倍數 × 下一年度實際
  利潤（E）

對賭協議除了可以用預測利潤作為對賭條件外，也可以用其他條件，比如收入、用戶數、資源量等等作為對賭條件。

所以公司估值是投資人和企業家協商的結果，仁者見仁，智者見智，沒有一個什麼公允價值；公司的估值受到眾多因素的影響，特別是對於新創公司，所以估值也要考慮投資人的增值服務能力和投資協議中的其他非價格條款；最重要的一點是，時間和市場不等人，不要因為雙方估值分歧而錯過投資和被投資機會。

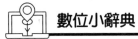

公允價值（Fair Value）亦稱公允市價、公允價格。是指在計量日發生的有序交易中，市場參與者之間出售一項資產所能收到的價格，或者轉移一項負債所需支付的價格。

▍▎▏騰訊「買買買」的學習點

騰訊為什麼熱衷於投資遊戲產業？2017 年，全球遊戲業併購與收購事件總資金多達 220 億美元，其中 75% 以上的資金都與騰訊有關。

騰訊投資是名副其實的「遊戲王國」，2018 年，騰訊在遊戲產業的投資步伐還在明顯加快當中。2018 年 2 月，騰訊先以 30 億元人民幣戰略入股盛大遊戲，斥資 500 億韓元領投了韓國遊戲公司 Kakao Games。2018 年 3 月，騰訊斥資 6.32 億美元投資中國遊戲實況平台鬥魚，以 4.6 億美元獨家戰略投資虎牙直播，隨後，又以 4.52 億美元入股法國育碧，獲其 5% 的股權。

為什麼騰訊對遊戲業務投資上面這麼捨得花錢，一副「買買買」的節奏。

時間再往前翻一下：

► 2017 年，騰訊以 1.43 億美元戰略入股西山居，4.9 億元入股掌趣科技，1,770 萬英鎊戰略投資英國遊戲開發商 Frontier，占股 9%，成為其第二大股東。

► 2016 年，騰訊以約 86 億美元收購芬蘭手遊開發商 Supercell，獲得其 84.3% 的股權。

► 2015 年，全資收購《英雄聯盟》的開發商 Riot Games。

► 2014 年，騰訊 200 億韓元投資韓國遊戲研發商 PATI Games。

► 2013 年，騰訊巨資投資動視暴雪，獲得其 25% 的股份。

► 2012 年，以 3.3 億美金拿到《堡壘之夜》的開發商 Epic Games 48.4% 股份。

　　這樣買買買的結果是，全球諸多知名的遊戲公司背後，如今都有騰訊的影子。曾有報導根據公開的數據粗略統計，算上近期投資，在過去十年裡，騰訊在遊戲領域有投資併購案，花費總金額約 920 億元。而從投資範圍來看，從直播平台、遊戲開發商再到 AR ／ VR 遊戲平台開發商，騰訊都有投資。從遊戲產業角度來看，無論是桌機遊戲或是手機遊戲，騰訊從未缺席。

　　其實我估計騰訊在遊戲產業，已經包圍了整個產業通路與渠道，是名副其實的「遊戲王國」。買買買的背後，騰訊為何對遊戲產業情有獨鐘？為什麼騰訊喜歡投資遊戲產業？

明明所有人都知道騰訊是社群平台起家，最有名的就是通訊軟體 QQ 和現在在中國被普遍使用的微信，然而不是所有人都知道，騰訊其實主業是做遊戲的。

騰訊做遊戲真的很賺錢，它的經營邏輯很簡單：投資遊戲→賺錢→投資遊戲→賺錢，如此反復。2016 年，全球遊戲總收入為 996 億美元，騰訊的遊戲收入就達 102 億美元，位列全球第一，占全球市場的 10%。

騰訊買買買的節奏裡面，我觀察到，騰訊買的標的物一定不會逃離我們剛剛所說的公式：

Content Type 內容類型＋ Main Platform 主要平台＋
Consistent Delivery 固定產出＝數位資產的基底

併購的標的物一定原先就有內容，加上他們所開發的主要平台，遊戲玩家會幫忙維持平台的活躍度，這樣就是完美的數位資產黃金比例基底。騰訊也因為抓到這樣的邏輯而得以大舉買買買，建造屬於他自己的遊戲王國。

不論數位時代如何變化，抄襲、模仿、山寨等質疑聲一直相伴，但對於騰訊自己而言，「創新」就是從推廣及營運入手，他們利用在騰訊 QQ、微信構建的社群生態，將用戶快速導入騰訊遊戲，這種天然優勢使得騰訊可以快速適應和搶占市場。對騰訊而言，把眾多遊戲產品推廣給用戶，讓用戶停留與黏著，這就是好的投資，遇到好的標的物就投入資

源，持續跟進，反應不好的遊戲就退出，這樣的投資方式讓騰訊始終能夠占領遊戲產業的主動權。

STEP 04 大膽買下別人的想法或創意

　　我曾經和臺灣知名電商老闆聊天，他們迫切地想要找到適合併購的標的物，目的就是為了掌握通路，因為布建通路可以掌握一切，買下別人的想法可以快速進入市場，也可以補足現有事業的缺陷與不足。拿騰訊的例子來說，騰訊並不擅長開發遊戲產品，騰訊遊戲的主要產品皆非自產，而是通過代理或是併購的方式拿下中國地區營運權，進而成功獲利。簡單來說，正因為是依靠騰訊既有的通路優勢展開推廣及營運，騰訊遊戲才能一路跑步前進。

　　其實騰訊也有開發自己的小遊戲，先後推出了《QQ飛車》《QQ炫舞》等自我研發的遊戲，但由於缺乏優秀的開發團隊，花了重金打造，實際效果卻非常一般，因此，這些遊戲的質量一直處於中下水準，再加上內容的複製模仿，這幾乎讓騰訊遊戲沒了面子，所以騰訊痛定思痛減少了遊戲開發投入，擴大了買買買策略。而如此的方式，就是買下別人的想法和創意，畢竟大公司有大公司的優秀之處，小公司有小公司的創意特點，對騰訊遊戲來講，能夠取得今天的成就，主要是因為騰訊願意且有能力去布局更多市場，同時利用併

購的標的物往上衍生出針對各種市場的不同產品。

　　很多人常問我，買下別人的想法和創意真的是主流嗎？我相信是的，因為有錢真的可以任性。買下別人想法和創意往往是補足事業體的缺陷或是直接掌握一切，從遊戲本身來說，騰訊遊戲往往能夠青出於藍而勝於藍，即使是所謂「抄襲」，騰訊遊戲往往能夠更好更快的優化，進而快速超越對手。此外，不管是在遊戲品質上，還是在遊戲本土化打造上，騰訊都下足了功夫，就像知名遊戲海外版《PUBG Mobile》能夠獲得成功，就足以證明騰訊的策略能力，買買買策略不只是快速彌補了騰訊遊戲本身的不足與缺陷，也提高了搶占市場的效率。

▋▋ 花錢買買買，是一種冒險嗎？

　　如果說買別人想法和創意是一個冒險的方法，我倒覺得可以這樣解讀，世界知名的網路公司如中國的騰訊、阿里巴巴大筆買買買，就是為了讓數位資產與實體經濟融合做準備。在未來的數位經濟中，它們希望繼續保持在網路產業中的絕對優勢。以網路公司目前的發展來說，資金和流量就是它們當前最強大的資源，所有企業都想繼續撼動網路世界、提前做好未來布局。

　　前幾年大家一直在說 O2O（Online To Offline，離線商務模式、線下線上模式），但 O2O 的布局未能成功，除了時機

當時尚未成熟之外，另一個關鍵原因可能是，要融合網路和實體產業非常困難。網路公司試圖以大平台模式和網路流量去敲動龐大的實體產業，這件事情本身並不會現實，企業轉型的擴增有一部分應該要更接地氣。現在數位資產領域更流行輕資產，如果可以用輕資產做連結，其實企業轉型和擴增可以更輕巧更快速。

　　未來線上線下融合的數位經濟究竟是什麼樣？現在沒有人能清晰地預測，我們至今看到的多數只能算是未來的原型。當線上的內容、流量、計算能力也在同步增強，且發展的速度愈來愈快，下一波數位經濟的主要競爭也已經開打。數位經濟的新浪潮正在到來，而所有的大企業也在試圖買下未來。

▎▎▎靠興趣圓夢，每個人都可以

　　這是個其實不需要成為大師，業餘興趣也可以闖出一片天的時代，只要你懂得活用網路，任何人都能夠吸引同好目光，利用興趣增加收入，成功機率也會變得非常大。我曾經仲介過一個跟我爸爸年紀差不多的叔叔，他一開始在我們網站上找尋的標的物就是已獲利的電商，後來我因緣際會和他聊天才知道，是因為他在國外讀藝術的女兒即將學成歸國，他無意間看到我們的網站，想來找尋一下之後女兒歸國可以經營的標的物，於是我推薦他們一個有固定營收的女裝電商，也順利幫助這項數位資產交接。當下聽到這位爸爸的初衷時

我蠻感動的，我們不只是幫助個人買下想法和創意，也幫助了一位爸爸幫女兒圓夢。

有些人可能會感到疑惑，認為「我也做得到嗎？」，擔心自己買下別人的想法和創意的信心與熱愛，不知道能否足以成功接手經營，或是買下來可不可以賺錢。很多人常說：「我的專長應該還沒有強到可以賺錢，或許我應該先提升自己的程度。」但我認為，這種想法是你對自己有天大的誤會，如果因此不願意踏出那一步，這真的太可惜了。

機會是不等人的，好機會可能就只有這一次，如果你不把握，要怎麼成功呢？就像一個喜歡畫畫的人，他可能會覺得比自己厲害的人多得是，因此他對自己沒有信心，又或者他心想：「等我畫得更好再說。」可是我必須問，你怎麼可以保證之後你可以畫得更好呢？其實買下別人的想法和創意是沒有標準的，適合自己比較重要。當然提升自己的能力固然重要，但更重要的是，當你依照目前的能力找出你發揮強項的方法，會更有可能成功。

借用別人的想法來創造機會

　　有一句俗話說：「學習都是從模仿開始。」以前的學習，要先從模仿來，再慢慢加入自己的想法「出師」，現今得利於網路的快速發展與連結，我們可以在借用別人想法的同時也加入自己的想法，在想做的事業項目上放入別人的優勢與自己的強項，甚至傳承他人的經驗。

　　我在美國念大學的時候，曾經做過 Amazon 賣家，當時我在美國的一個論壇看到有人在經營 Amazon 的電商，他說他一個月可以穩定收入賺到 10 萬台幣，這點馬上吸引了我的注意，我試著跟他聯繫，後來我加盟了他的品牌，幫他一起賣手機配件。回頭看來，其實這就是借用了別人的想法，來為自己創造機會，在此之前，我根本不知道該如何經營 Amazon 電商，但是我找到了方法，借用別人成功的案例，慢慢達到賺錢的目標。

　　如果把借用別人想法的程度分為 0 到 10 級，以游泳為比喻，10 級是世界記錄保持者的水準，0 則是程度最低、剛開始接觸的初學者，你覺得你的程度大概是在哪裡？

　　喜歡游泳的人，即使是初學者，程度也不會是 0，至少

有 1 或 2 的水準。如果透過教練的輔導與每天無止境地練習，就像是雖借用別人的想法、但吃了大補丸之後即突飛猛進，也更有可能在這個興趣裡獲得優勝。因為在這個過程中，你可以借用別人的事業點子，吸引更多人加入這個事業。

　　對於臺灣的創業者來說，以別人為導師、借用別人已經成功驗證的商業模式，尤為需要。大家都知道臺灣在網路商業上還是屬於資訊落後者，很多數位資產都會在美國、中國、日本、歐洲先紅過一遍才紅到臺灣。因為地域的環境，臺灣的新創要驗證新的商業模式非常困難，所以切入市場最好的方式，就是借用別人已經成功的商業模式，例如：創業家兄弟（指郭書齊、郭家齊）在第二次創業做了 Photo123、敗衣網、名片網，這些創業的想法都不是原創，反而是借用別人在國外的商業模式，拉到臺灣做在地化的發展與經營。

　　既然在資源有限的狀況下，驗證市場非常困難，那切入市場最簡單的方式，就是找到別人已經驗證的商業模式，借用與學習。

　　如果我們把數位資產的觀察回溯到發展初期，國外的網路發展得早，創業者們的網路意識強，對網路的商業模式探索更多，包括早期的搜尋引擎、後來的部落格、以及近幾年的電商等。這些商業模式起初擁有大批玩家湧入，最後適者生存、不適者淘汰，大公司把小而好的公司收購、資源互補的兩家公司合併推出嶄新服務，網路的走向已經大舉走向收購與入股的資本路線，借用別人思路的創業模式已經蔚為風

潮，並不是現在才開始。

▋▋▋ 全球化「借用」時代

最激進的創業者非 Rocket Internet[5] 莫屬，Rocket Internet
以投資孵化形式在全球蔓延開來。與名字相應，他們火箭般
增長的態勢，主要歸功於公司探索出的「借用別人想法創業
法則」，他們首先在全球範圍內監測那些已被證明成功的商
業模式，一旦發現目標比如 Amazon，就即刻選定布局的新
興市場比如印尼，然後派送公司內部的工程師、行銷人員、
管理人員到當地，創辦諸如 Lazada（東南亞電子商務平台）
這樣的電商平台，等 Lazada 招募到核心團隊後，那一波派送
過來的人員馬上撤離，或被派往執行下一個項目。

在西方國家是如此，東方也不例外，以中國網路產業為
例，本身就是一個非常有趣的市場；Facebook 和 Twitter 無
法進入，Google 進入了又中途離場，而唯一留下的電商巨頭
Amazon 卻無法立足，如此堅不可攻的環境，在中國市場上，
借用別人想法的網路創業更是無所不在。中國的網路行業可
以說是「借用」的典範，舉凡商業模式、產品設計，各種「借
用」構成了中國網路產業至今的繁榮，騰訊的創辦人馬化騰

註 5　Rocket Internet 由德國三兄弟—Marc、Oliver 以及 Alexander Samwer 於
2007 年成立，目標是成為中國與美國之外全球最大網際網路平台。

更稱得上是借用界的老大。騰訊的發展歷程，就像一本《借用實戰教科書》，從早期的 QQ 到現在的微信，無一不散發著濃濃的「借用」味道。

淘寶借用 eBay，支付寶借用 Paypal

提到另一個中國網路巨頭，借用依然無所不在。阿里巴巴團隊在籌劃淘寶網時，世界上僅有 Amazon 和 eBay 兩個參考模式，有意無意都必須學習二者的做法，無論是商業模式還是頁面設計，借用在所難免。而淘寶網上線後，交易量卻始終上不去，因為賣家不拿錢不願意發貨，買家不收到貨也不願意付款，這樣的狀況在當時沒有信用概念的中國產生了死鎖，馬雲為了尋找解決方法，專門去了一趟美國，在發現有 Paypal 這個東西後，立馬打電話讓手下著手做支付寶，還放豪言說：「做支付寶時，我已經做好了坐牢的準備。」

百度借用 Google

聊完中國網路三巨頭 BAT（百度、阿里巴巴、騰訊）的阿里巴巴與騰訊後，我們也來看看百度。百度的商業模式一樣也是借用的，借用對象正是世界第一搜尋引擎巨頭 Google，如今百度搜索的界面風格依然和 Google 一模一樣，而且間接促使了中國國內的其它搜索引擎全都做成了這副樣子。

優酷和土豆借用 YouTube

在網路圈，大家都說優酷借用了 YouTube 名字的前半段 YouTu，改成 Youku；而土豆則借用了後半段 Tube，改成 Tudou。優酷與土豆已經合併，應該是要讓 YouTube 的字有個完整吧！談到借用後的創新，優酷就是一個很好的例子，它並不是全然借用，也在借用的點子上做了一些小創新。比如優酷網最開始的評價系統和 YouTube 一樣，通過打分方式來進行評價，但是實際使用時，發現打分系統其實很麻煩，也不符合用戶習慣，於是經過創新，優酷網率先改成了「頂」、「踩」方式，這樣一來，用戶可以通過簡單的「頂」或「踩」來表達對影片的態度，進而評價一個影片的好壞。事實證明，優酷的小創新獲得了成功，簡化了操作，迅速為優酷積累大量忠實用戶，而這個小創新的優越性也影響到了 YouTube，使 YouTube 也做出同樣的更改，這種「借用」不斷再創新後的逆向輸出，讓優酷成為了中國領先的影片分享網站。

美團借用 Groupon

美團是中國第一出名的團購網站，借用的是美國的 Groupon 電子商務網站。美團網由王興於 2010 年 1 月建立，2010 年 3 月 4 日正式上線。由於 Groupon 模式的門檻低且盈利方式清晰，美團網上線一個月後中國大陸就相繼出現了數

百家類似的團購網站，後來更是出現了被稱為「千團大戰」的網路奇觀。

滴滴借用 Uber

而滴滴借用 Uber，可謂是既全面又徹底，這個得「畫重點」一下。從商業模式到具體運作，從 logo 到 App 設計，相似度都高達 99%，不只借用得這麼淋漓盡致，最後摺倒原創，把 Uber 中國買了，如此逆勢反撲的案例，可能全球也只有滴滴一家。

除了上述經典的借用案例外，類似的例子還有非常多，從電商到社群，涵蓋了整個網路圈，毫無疑問地，幾乎所有的網路項目都是從國外借用而來。不論是在哪個市場，許多外來的商業模式，可能由於對政策的不熟悉最終無法成功。作為本土企業，在「借用」外來商業模式的同時，就更加具備了創新的潛質，無論是對政策的把握還是對用戶的瞭解都占了上風，而外來先驅者往往成為先烈，「借用再創新」換來的高效執行力，讓借用者成功不再只是夢想。

但是換句話說，如果你很怕別人抄襲你的想法，可以試著把心中想的創業路徑踏踏實實地走完一遍，那麼，你就會輕鬆得出以下幾個結論：

► **1. 所謂創新想法其實什麼都不是：**太陽底下沒有新鮮事，自以為的創意其實是源自於匱乏的競品分析，即使這真的

是一個超酷的點子，它也僅是設計、開發、運營環節中一個微不足道的開始。

▶ **2. 所謂抄襲問題，根本不是令人頭疼的問題**：如果我的產品已經吸引到大公司注意並要追趕複製的話，那就意味著我已經成功了！

▶ **3. 要做產品還是要做生意**：網路創業，大家應該想清楚最終目的是要做一個產品還是做一門生意；如果是前者，最好的結果就是被收購，如果是後者，產品功能創新就一點都不重要。

███ 你想成功嗎？大膽的去借用吧！

　　我認為每個人每個階段都可以借用別人的想法來創造機會，埋頭苦思的時代已經過去。可以利用簡單的方式來創造價值，為什麼還要土法煉鋼地打拚呢？現在有了更快的方式讓你直接擁有新事業，也幫你把前人做好的基礎建設一手交給你，這樣的創業其實變得非常簡單。我認為創業的關鍵並不在你是否借用別人的想法來創造機會，最重要的是你有沒有辦法快速解決一些棘手的商業問題，而借用別人的想法就像是在嬰兒學步時扶你一把，讓你不至於在初生之際就跌倒受傷。不是從 0 開始的創業已經來臨，只要你有興趣，都有可能借用別人想法，找到志趣相投的人，把這個橋樑搭建起來。

但是相反地，如果一開始你就覺得自己不適合從 1 開始的創業，或是不想借用別人想法來創造機會，那麼即使這個機會或是數位資產標的物再怎麼好，對於你的事業也不會有用。因為你的不自信，可能會在決策上做出不適切的下意識反應，這一切都需要取決於你對這個機會或數位資產標的物的想像。

　　如果有一天，你夢想的產業中，有公司正在做出售或是頂讓，你會出手購買經營嗎？我相信很多人都一定會直接買下來，網路的便利帶來很多好處，可以讓在天涯海角的人彼此互相交換情報、交流。自網路事業蓬勃發展開始，短短數年內已經出現急劇變化，原本幾乎等於是網路代名詞的電腦，轉眼間已經變成人手一支的智慧型手機裝置，隨時隨地都可以上網，**無論在通勤時間、午休時間、睡覺前，每個人都能夠活用網路創造機會，這是這個世代最重要的價值。**

大膽的做夢用夢想創造 1+1>2

　　根據統計，全球數位資產的買賣已經超過 1,000 億美金，而且每年都有 20% 的成長，在國外知名的 Empireflipper.com 每年也有 20% 的成交金額成長。世界上有更多人希望簡易創業，如果可以不從 0 開始的創業，直接購買別人做好的東西，借用別人的想法為什麼不要呢？臺灣知名的成功企業家郭台銘也是靠著不斷地併購、買下別人的點子撐起鴻海帝國，世界上還有更多這樣的例子。數位資產的買賣相對於公司行號買賣來得便宜、快速，公司買賣可能牽扯到公司法的一些問題，但是數位資產的買賣反而單純。

　　很多人可能會好奇，為什麼要借用別人的想法，賣家又為何要賣出經營已久的數位資產呢？是不是經營不好所以要賣掉？購買數位資產究竟可以做什麼？我覺得就是購買一個機會，把握這個創業機會，讓你先贏在起跑點，即使在危機狀況入市，別人可能做不好的產品，你一定要比他更有信心，也可以做得比他好。

　　舉例來說，我曾經仲介成交一個專賣辣椒的蝦皮電商，這個電商是行業中的領先業者，因為產業獨特，幾乎沒有其

他競爭者，買家是一個零食批發業者，在食品批發領域已經有了相當好的成績，直接併購之後可以獲取新的產品線，據我所知，現在很多麻辣鍋業者也開始和這個零食批發商購買產品，這就是 1＋1＞2 的最好證明。

除了電商外，內容農場的買家也是利用自身流量優勢來購買更多別人的點子。我曾經幫助臺灣前三大內容農場找尋數位資產標的物，一個內容農場的經營者無時無刻要保持一定的粉絲量，更要有很多的帳號發文，或是擁有大型粉絲團進行互相引流，這次的仲介成交了幾筆數十萬粉絲的粉絲專頁。內容農場經營者直接購買現有粉絲團，享受了流量與粉絲紅利，不需要從 0 開始經營，這也是 1＋1＞2 的最好證明。

如果你想靠數位資產投資，Amazon FBA（Fulfillment by Amazon，亞馬遜物流）商店的買賣在國外非常盛行，我自己也是投資者，我常常會看到好的標的物就下手購買，因為 FBA 的商店通常都帶有評價，也帶有基本的客群，有的甚至更帶有一些庫存，這樣的創業方式其實非常容易上手。我曾經購買過一家 FBA 商店，他是專門販售擺放在家門口的美國旗子，我也曾經買過運動護具 Amazon 亞馬遜商店等，這些商店共有的特性就是「**馬上就能經營，馬上就能賺錢**」。

▋▋ 購買數位資產，一定是要 1＋1＞2

購買數位資產的效果一定是 1＋1＞2，因為資源聚集

才有機會創造綜合效應。我認識一個電商老闆，他也是數位資產的重度購買者，算是我們平台的 VVIP 黃金會員。他告訴我一個市場的現況：很多電商老闆手上可能同時經營了數十家商店，但可能 A 商店的銷量是 100，同類目下的 B 商店銷量卻只有 3，而在電商市場中，假如你不在最短的時間內提高整體實力，銷售只會愈來愈差。這個狀況在過去是電商老闆的一大壓力，但數位資產買賣的興起讓資產合併變得更容易，創造了很多機會，哪個項目有機會，就能馬上賣掉手上的電商，再重新入手新的商店，馬上就能經營，馬上就能賺錢，無論是風險、成本都大大降低，增加了線上資產調動的彈性。另一位電商老闆手上的廚具電商則有將近 50 個，但他在經營廚具之前的數位資產幾乎全是母嬰類電商，因為看到母嬰產品的價格戰打起來，就立馬轉手出去，廚具電商則持續經營，一買就接手，直接賺錢。

數位資產的買賣，讓個人創業也能在網路世界打群戰，甚至做到網上同一品項的背後，都是由你出貨且擁有，這是很多電商老闆已經在玩的手法。網路世界就這麼大，如果消費者在某個平台上搜尋商品，下面所有露出的商店都是屬於你的，那是不是你的競爭優勢就大幅提升了呢？ 這樣的方式其實就是 1 ＋ 1 ＞ 2，利用網路的優勢占滿所有可見的平台與搜尋結果，這是新時代孕育出的商業模式，也是很多電商老闆迫切尋求的解方。

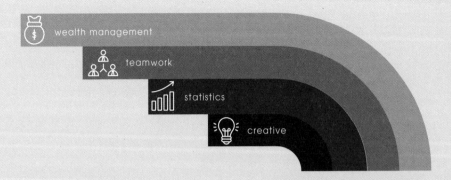

wealth management

teamwork

statistics

creative

培養你的
數位資產

Starting from ONE

PART. **4**

數位資產屬於輕資產，帶得走隨時可以脫手，經營起來雖然不像一般開公司這麼複雜，但培養數位資產的過程和「創業」有不少共通之處。如果你已經決定要開始經營數位資產，那麼你第一個面臨到的問題將是資產類型，你要選擇什麼產品與服務？它的天花板到哪裡？如果這個資產要轉賣了，我自己會不會買這樣的東西？以我的經驗來說，第一步我會先對產品有基本的想像，再延伸出問題來反覆問自己。

　　有時候，可能你會想「先做就對了！」，讓自己有自信地去拋頭顱灑熱血，經營一份事業，熱情固然重要，但是從另一個角度來看，創業不是旅行，你不能先把背包收拾好，然後再考慮去哪裡。在開始一份數位資產的經營之前，我推薦你要先寫一份《創業計畫書》。通常來說，你應該選擇自己最有優勢的領域經營數位資產，這樣才能生產出比別人更好或價格更低的產品與服務。這裡的竅門是，你不要站在自己的角度思考問題，而是要站在使用者的角度思考問題：如果你自己就是使用者，什麼樣的東西最能打動你，讓你願意掏錢購買？

　　以這個核心想法為延伸，你要問自己這三個問題：

► 1. 它有用嗎？
► 2. 它易用嗎？
► 3. 它用起來令人愉悅嗎？

如果這三個問題的回答都是肯定的,那麼代表你正走在正確的方向。

當上述的三個問題有明確答案後,進到產品開發環節,我們可以繼續問自己這五個問題:

► 1. 給誰用?
► 2. 他們用這個產品來解決什麼問題?
► 3. 這個問題對他們而言有多重要?
► 4. 我們的方法是否足夠簡單方便?
► 5. 他們要付出的代價與所得是否匹配?

問到這裡,我們已經不停地從消費者角度來思考,另一個方式,我們也可以用倒推法來研究一下怎麼樣才能找到適合你的數位資產,首先,我們一樣要從最終的消費者開始一步步倒推:

► **第一步:**誰來購買你的產品?為什麼購買?市場有多大?
► **第二步:**客戶願意付多少錢購買你的產品?競爭對手是什麼價格?
► **第三步:**客戶在什麼地方能買到你的產品?
► **第四步:**為了讓客戶買到你的產品,你要付出多少銷售成本?
► **第五步:**生產這些產品,能負擔的最高生產成本是多少?

確定經營的數位資產之後，這邊還有一些常見的錯誤，是你需要避免與小心的，我也一併列下，避免你在經營之路上踩坑：

► 1. **不要因為網路流行什麼，就一窩蜂去做。** 容易複製的經營模式往往不是成功的經營模式。

► 2. **不要因為某種網站很有趣，就去架設這種網站。** 有趣並不代表它會成功，而經營一個失敗的網站，肯定是非常無趣的，事實上，經營某些很讓人乏味的網站，反而容易生存下去。

► 3. **你要搞清楚自己是屬於自由職業者，還是屬於企業家。** 自由職業者喜歡自由，不願意承擔太大的風險，更不願意自己的生活被企業的瑣事拖累；企業家的目標是創造一項賺錢的事業（Business），他願意承擔更大的風險，願意把自己全心全意地投入企業管理之中，哪怕每週工作 60 個小時也無所謂。

► 4. **不要以為自己可以發明一種全新的經營模式。** 實際上，世界上賺錢的方式就那麼幾種，想要發明一種全新的賺錢方法是很難的，你更應該做的，是充分利用那些已經被他人證明有效的經營模式，因為既然這種模式已經被證明可能成功，那代表你不至於走入一個完全錯誤的方向，還可以從他人的失敗中汲取教訓。

當你確定要開始經營數位資產之後，就是動手把夢想變成現實的起步，Facebook 的辦公室就貼著下方的標語，作為行動準則，激勵員工，作為數位資產的經營者，我一樣想把這些話送給你：

► **比完美更重要的是完成。**（Done is better than perfect.）
► **快速行動，破除陳規。**（Move fast and break things.）
► **保持專注，持續傳遞。**（Stay focused and keep shipping.）

▓▓▏ 三次不是從 0 開始的創業

在我經營數位資產的經驗裡，我做了滿多的功課，我的學經歷不是學技術，也不是學行銷，但是在一開始選擇要創業的時候，我就知道自己要面對的是網路世界，我的創業與經營項目必須要是數位資產，也一定要以網路為基礎發展。因為網路無遠弗屆，藉由網路，你可以把你想表達的人事物傳遞到地球的另一端，這就是網路的奧祕。

依循著這樣的想法，上一章我曾分享過，我第一個不是從 0 開始的創業項目就是汽車資訊網，這個事業開始前的計畫書是這樣的：首先，我從興趣著手，我自己很喜歡汽車，也很愛改裝汽車，從小就有很多玩具汽車和汽車模型、立志想當一個試車手，做一個分享汽車的資訊網一直是我的夢想，為了實現這個夢想，我開始在網路上爬文，在網路上觀看有

關於建置網站與內容的一些文章，後來知道其實建置網站並不難，後續的經營與維運才是關鍵，於是，我將導流作為最重要的經營指標。

 數位小辭典　　　　　　　　Digital dictionary

　　導流：導流是網站的命脈，沒有流量等於沒有業績。可以加強努力的方向很多，但該怎麼改善呢？以下是基本導流量來源的基礎觀念說明，目前流量分為六大類型，掌握流量就可以做好導流增加營收。

► 直接流量（Direct）：網友直接透過「我的最愛」或輸入網址，造訪網站。

► 搜尋流量（Search）：網友透過搜尋引擎，造訪你的網站。

► 社群流量（Social）：網友透過你的社群平台，造訪你的網站，包括部落格、Facebook 或推特。

► 名單流量（E-mail）：網友透過你寄發的 EDM，造訪你的網站。

► 廣告流量（Paid）：網友透過你部署的 Banner 廣告、關鍵字廣告，造訪你的網站。

► 推薦流量（Refferal）：網友透過別的網友分享你網站的連結，而造訪你的網站。

很多人都想像著我做好一個網站，自然就會有人來買我的商品，但是事實並不是這樣，你可能要下廣告、可能要行銷、可能要找網紅代言，甚至要找很多不同的經銷商幫你賣貨，這些都不是做好一個網站就會自然擁有的。在衡量完從頭導流的成本後，我選擇購買了別人經營過、正待販售的汽車資訊網當作創業的第一步，我一開始選擇的創業就不是從 0 開始，接手別人曾經經營過的事業其實更容易成功，就像本章一開始提到的，你一定要對這個資產有一點想像，想像他的天花板在哪裡？想像他可以在你接手經營之後做什麼改變？

第二個不是從 0 開始的創業，是我在美國創業論壇裡看到有人在兜售他做的 App，叫做 Color Compass，這款 App 遊戲是非常簡單的益智遊戲，遊戲總累積下載量超過百萬，評價超過 300 個。遊戲方式是根據指針的顏色對應到羅盤上的顏色，指針會一直旋轉，只要顏色與羅盤顏色相同就要點擊螢幕一下來得分，這是款非常考驗反應力的遊戲。當時的我看到之後馬上對它產生興趣，就在論壇與賣家聯繫，在我接手之後，我的第一步一樣是問自己：我對這款遊戲有什麼想像？於是，我開始辦起一些實體活動，讓使用者利用 Color Compass 來訓練反應力，也成功地與某間大學合辦了一個類似 Color Compass 的活動，讓遊戲的口碑擴散開來，並寫信給幾個專門寫遊戲 App 的網紅來做開箱節目試玩，最後成功讓遊戲的下載量成長了 20%。

第三個不是從 0 開始的創業，也是我在美國創業論壇上看到的，當時有人兜售他曾經經營的 Amazon FBA 商店。Amazon FBA 商店的買賣在國外非常流行，因此在看到這個賣家的介紹當下，我就被它深深吸引，於是我做了一些調查，也開始觀察這個賣家在 Amazon 的評價，我發現，賣家利用圖片把產品介紹做得非常詳細，評價的累積數量也相當不錯，於是我嘗試和這個賣家溝通，最後決定出手購買，直接承接了這個賣家累積了兩年評價、基本客群與庫存，賣家也把它配合已久的工廠介紹給我，這讓我不需要再花時間等待工廠與貨運，接手第一天就對外接單，這次的經驗讓我意識到，這些網路商店共有的特性就是，**接手後馬上就能經營，馬上就能賺錢**。

現在如果你問我，我會想投資或是想再做不用從 0 開始的創業嗎？我的答案是肯定的，因為不用從 0 開始的創業是減少你成本與付出的最好方式，如果目的地都是一樣的，為什麼不選擇一些捷徑呢？如果你問我，我之後會投資什麼樣的數位資產產品，我也會毫不猶豫和你說，蝦皮電商、Amazon FBA 商店、LINE@ 帳號、十萬人以上粉絲團……這些都是我一直在追逐的標的物。

▮▮ 數位資產的基礎知識

數位資產的基礎知識其實很簡單，即使不是理科的本科

生，也可以簡單瞭解網路上的一些數據。數位資產最重要的就是要看得懂網路上的數據，數據在網路世界非常重要，如果一個數位資產沒有賺錢、流量低，還會有人想出手購買嗎？無論是流量計算、訪問次數、瀏覽次數、回購率等指標，網路上有非常多的公式可以參考，這些都可以套用於數位資產的經營。但是部分數位資產即使數據不能長期累積統計，一樣擁有它的價值，例如：預售屋網站、路跑活動網站、頒獎典禮網站等活動型網站與一頁式網站，這些網站還是存在著價值，因為在網站上可以收集到精準的名單，這群名單也有機會帶動更多經營的想法。

所有的數位資產都存在價值，這些價值只有識貨的人看得懂。我常常和一些專家討論，我發現，數位資產的買賣非常像藝術品拍賣，只有特定的玩家看得懂資產價值，所以我認為，**數位資產的知識在於你是否瞭解這個產業？有沒有能力化腐朽為神奇的把一個別人不知道是寶的資產做到更好？**你能想像這個產業的輪廓嗎？你能想到這個產業的天花板所在。這些問題都是起步經營前需要被發掘的，如果你都瞭解了這些問題，我相信你已經可以開啟數位資產買賣之路。

你的數位資產有多值錢？

現在，你一定很疑惑怎麼判斷一個數位資產的價值。整體來說，數位資產的價值在於這個資產的歷史、收入穩定、多樣化業務與流量、品牌權威，每一項都是有憑有據的記錄跟數據，這代表著數位資產是非常現實的，無論經營哪個類型的數位資產，內容就是商品，**創造「高質量的內容」能提升成功率**，也能讓網站的價值大幅提升，因為優質內容是一個數位資產最重要的關鍵。

數位資產的內容不單純指文字，而是指消費者在平台上最關注的事情。舉例來說，購物網站的內容就屬於商品，SaaS 網站（Software as a service）的內容就是服務，射擊遊戲 App 的內容就是裝備和武器，所有的數位資產一定無法逃脫內容，只要內容做好，數位資產的價值絕對會翻倍。

簡單評斷資產值不值錢的幾個方法：

► Google 搜尋頁面上的自然搜尋多少，SEO 條件如何？

► 在社群媒體上有無曝光，有沒有內容持續更新？

► 有沒有和時事議題的關聯，是不是有梗？

► 是否符合其他競爭網站的趨勢，能發掘更多可能熱銷的產品與服務？

精明的數位資產持有人，不應該只依賴科技巨頭來穩固業務，而是會謹慎又有策略性地利用科技巨頭，讓自己直接控制使用者。如果品牌可以透過權威推廣來幫助建立品牌認知度和消費者信心，我相信這些數位資產的價值會很高，因為內容的奠定就是經營數位資產與品牌的重點。

如果你已經看中一項數位資產，可以套入以下的公式，知道這個數位資產值不值得購買：

Content Type 內容類型＋ Main Platform 主要平台＋ Consistent Delivery 固定產出→數位資產的基底

例如知名服裝品牌 Lativ：

Lativ 的內容類型為平價服飾與配件＋ Lativ 的主要平台為自主官網＋ Lativ 的固定產出為平價服飾的銷售→ Lativ 數位資產的基底

再舉《數位時代》的網站來做比喻：

《數位時代》的內容類型為新創與科技新聞＋《數位時代》

的主要平台為網路媒體與實體雜誌＋《數位時代》的固定產出為網路內容與雜誌銷售→《數位時代》數位資產的基底

如果這個數位資產擁有好內容、是個好平台，也可以固定產出該有的內容物，我相信這樣的基礎將值得你去經營發揮。內容、平台、產出這三件事，會直接影響你的網站能帶來的使用者類型，以及他們在網站所做的事情，這在未來會愈來愈重要，因為我們熟知的使用者體驗，也會是影響數位資產最重要的因素。

瞭解完影響構成數位資產基底的三大要素後，我更建議可以使用 ARPU 來計算數位資產的價值，**ARPU 是指用戶平均收入（Average Revenue Per User）**，這個名詞一開始是無線通訊業裡的術語，對於無線通訊業者而言，用戶數與通話量是盈利的關鍵點，而 ARPU 成為了衡量標準之一，如今，經營數位資產，你也可以用 ARPU 計算看看網站的用戶平均收入。

ARPU ＝ 總收入／用戶數[6]

註6　總收入按照營收、銷售額、交易額計算，才能得出利潤情況；用戶數可以按照總用戶數、活躍用戶數、付費用戶數計算。

最簡單的算法是選定一段時間段內的 ARPU，區間可以按照每月／每季度／每年計算，如果一個行業每半年會出現一個風口，那麼計算方式就得統計半年以內的 ARPU。

　　ARPU 是一個很成功的標準值，ARPU 愈高，這個資產當前的利潤就較高，意味著發展前景好，值得投資。投資者們不僅要看資產的盈利能力，更要關注資產的商業前景。

　　接著再根據前述 3-3 的十二點標準，我們可以計算出數位資產值不值錢（p113）。 釐清這十二個指標後，我們要評估一個數位資產的好與不好的因素，並分辨不同因素可以幫助我們帶來哪些衡量指標。

▉▉▉ 評估資產的好因素

1. 具有歷史性

　　具有歷史性的數位資產，可以為買方提供額外的價值和安全性。有歷史性的數位資產擁有詳細的資訊記錄，買家可以輕易地依循過去數據進行評估。

　　通常這種數位資產都已經存在多年且有穩定的增長，和只有幾個月歷史的標的物相比，有歷史的數位資產更安全更值得投資，因為數位資產講求品牌權威，悠久的歷史可以讓更多人在搜尋引擎上認識你，同時在獨有領域市場中享有較高的排名。

對應的衡量標準：Reputation 好名聲＋ Rating 好評價＋ Users 使用者人數

2. 穩定性收入

有穩定性收入與業務的數位資產，最常受到買家的高度追捧。穩定性收入對許多買家來 有巨大吸引力，因為擁有這項特性的數位資產，通常可以讓買家無後顧之憂地接手經營，第一天就開始賺錢。

常見的穩定性收入業務主要是 SaaS 網站，但是其它類型的數位資產也可能藉由大量的定期客戶帶來穩定性收入，例如：訂閱型會員網站與電子商務網站。

對應的衡量標準：Revenue 營收表現＋ Retention 會員留存

3. 多樣化業務與流量

數位資產持有人就是要不斷尋找便宜的付費流量來源，以減少他們的廣告預算，因此多樣化業務與流量，有助於提高數位資產的估價。

做過投資的人都知道「不要把雞蛋放在同個籃子裡」，多樣化業務正是循此觀念而來，它讓數位資產可以有多樣化的收入來源、流量來源、客戶、供應商和業務，如此一來，經營者可以減少對特定來源的依賴，以避免因此對業務產生的重大影響。

舉例來說，之前靠著 Facebook 廣告維生的電商賣家，已經有一部分人開始在其他市場和他們自己的網站上做銷售，以減少對 Facebook 的依賴，關注於經營 SEO 自然流量的表現。

對應的衡量標準：Traffic 流量＋ Referral 轉介分享＋ Content 內容表現

4. 知名度與品牌權威

當一項資產在其領域成為權威品牌或擁有忠誠粉絲，這項數位資產就會更有價值。

成為領域內的權威品牌代表擁有出色的產品、內容與使用者體驗，這在投資人眼中，無論是併購與收購，這個值得信賴的數位品牌，都能更加容易地向追蹤者推出新產品或內容。

對應的衡量標準：Social Status 社群狀態＋ Acquisition 會員取得＋ Activation 產品啟用＋ Users Behavior（UI ／ UX）使用者體驗

▌▌▌ 評估資產不好的因素

1. 不可轉移性

數位資產銷售中，帳號或協議的不可轉移性是主要問題。如果買方不能轉讓定期的收入，或無法在獲得數位資產時，簽訂跟當前持有人一樣的供應商、承包商或合作夥伴條件，那麼這個業務對這位買方而言，可能就不值錢了。

2. 不正確的分析設定

不正確的分析與追蹤也是在網站上最常發現的問題之一。如果買家不能夠信任網站的流量數據，那在數位資產的買賣交易上，將會很難評估網站上不同的流量來源、用戶參與、轉換數據和廣告投資報酬。

3. 同個帳號中有多個業務

同一個帳號營運多個業務會讓整個數位資產變得混亂，如果賣方擁有多個業務，擁有單獨的帳號會使淨值調查和轉讓的過程更容易。

同一個帳號擁有多個業務不會使數位資產交易破局，但它可能會延長數位資產評估的過程，因為資產的複雜性將更難以核實哪些收入和費用是與各個業務相關的，這可能會讓買方質疑賣方所提供的資訊是否具有準確性。

4. 依賴單個流量或業務來源

如果數位資產嚴重依賴單個業務或流量來源，那麼這對買家來說可能是個風險較高的投資。每個流量和業務來源都有不同的波動率，我們最常看到的例子，就是幾乎所有網站的流量都依賴自然流量，而不向外經營多個流量來源，雖然通常來說，自然流量是穩定的，但如果網站被 Google 懲罰，依賴單個流量與業務來源，收入將會受到嚴重的影響。

5. 懲罰或違規

如果有受到搜尋引擎懲罰或帳號違規政策，這可能會對數位資產和其估價產生影響。在擔任數位資產顧問的過程中，我發現有愈來愈多的數位資產違反了 AdSense、Facebook 等帳號的規定，違規行為會讓買方懷疑賣方是不是還使用了什麼其它有問題的策略，進而影響資產估價。

例如常常有一些粉絲專頁會張貼一些帶有情色或是特定議題的貼文，這類型的粉專多多少少都會被 Facebook 扣分，網站也是一樣，如果你的網站含有一些情色與不健康的內容，Google Adsense 也會發出警告，如果期限內不改善的話，你的廣告帳號很有可能會被封號。

此外，數位資產的評估也可以利用第三方工具，例如 Alexa.com、Similarweb.com、HiLucas.com。這些都是屬於第三方的數位資產評估工具，在衡量不同數據的價值時，

社群關注度也是很好的評估方法，多查詢看看這項資產在 Facebook、LinkedIn、Twitter、Pinterest、微博、微信上面的貼文，或許也可以注意到一些小端倪。

當然你也可以選擇使用創投估價公司普遍計算的方式：

$$P / E = Price / EPS = Price / Earning / Shares$$
$$= Price \times Shares / Earning$$
$$= Market\ Value / Earning$$
$$è Market\ Value = P / E \times Earning$$

或是可以利用一般公司的估價方式來評估數位資產：

公司價值＝預測市盈率 × 公司未來 12 個月利潤

▌▌老闆，你的資產其實很值錢

我碰到很多數位資產買家都是上班族，因為不想再看老闆臉色，所以選擇來 FlipWeb 數位資產仲介看看有沒有適合自己的創業項目。但許多創業者往往不知道老闆才最難當，例如開過咖啡店的老闆小李就是。他一開始創業從設計菜單、經營粉專、架設官網、經營部落格，全部都做過，但是最終卻未能成功，他和我說：「創業失敗率很高，重要的是你在

過程中學到什麼。」剛開始創業，總是想做一些瘋狂和新奇的事物，但是其實這些項目，盈利真的有限。

　　後來我在和他聊天的過程中，慢慢知道小李的粉絲專頁累積了超過 5 萬名愛好咖啡的粉絲，他的部落格每天不重複瀏覽量也超過 1 萬，這讓我相當佩服。我和他說，我認為你的數位資產很有價值，雖然你的咖啡店失敗了，但是你的數位資產在咖啡領域有一定聲量，很多同業的前輩，一定都會想要買像你這樣經營已久的數位資產，我想幫你仲介買賣數位資產。小李聽到之後非常震驚，他從來沒有想過他苦心經營的粉絲專頁與部落格是有價值的，我和他詳細的解說整個流程，他也很信任我，讓我幫他出售粉絲專頁與部落格，最終有知名咖啡業者看上了這個資產，也已經在談併購的可能性。

　　數位資產的養成是非常重要的，根據小李的例子我們可以知道，如果你的商店不賺錢，但是有了出色的數位資產也可以拿來兌現，這樣的變現方式將會有愈來愈多人知道。

STEP
02 想買他人的數位資產要怎麼開始？

　　臺灣的數位資產品項非常多，工程師也非常厲害，舉凡社群、電商平台、商城帳號、App、網站、網域，各類資產都相當活躍，產出的數位資產數量也非常可觀。我認識一位臺灣的工程師，他曾經開發將近百款的遊戲與購物網站，這樣的資產都是有價值的，如果開發完卻沒有拿來兌現其實非常可惜。

　　很多人不知道，我們的數位資產可以創造非常多收益。就數位資產的買賣量來看，臺灣目前最大宗的數位資產買賣是社群，在臺灣，80% 的人口愛用 Facebook 來做溝通與社交工具，因此 Facebook 的商品不管是粉絲團、社團，這樣的買賣在臺灣都非常活絡。身為數位資產仲介，我們曾經買賣累積超過 500 萬粉絲數的粉絲專頁，每天都還在增加當中。而第二大的買賣類型是商城帳號，五六年前臺灣有一群人一窩蜂地在開商城，但是到了現在，商城已經進入戰國時期，如果持有者不懂得經營，這些商城都有可能被淘汰，因此，商城的買賣需求開始湧現。目前，臺灣買賣最多的商城帳號包括 Pchome 商店街、超級商城、蝦皮。值得一提的是，自主

網站和電商也會愈來愈盛行，我相信之後的市場將會擴展到自主網站的買賣和自主電商的頂讓，買賣數位資產的類別將會愈來愈多。

在不同類型的數位資產中，非常可惜的是，臺灣網域收藏家非常多，購買者卻相對地少。我認識很多前輩，他們都是握有兩個英文字母（例如：FX.COM、XS.COM），或是三個數字的網域持有人（例如：111.COM、900.COM），但是臺灣對網域的重視不高，導致這些網域的買賣最後都在中國發生。

很多人常常說，創業要靠天時地利人和，關鍵要素如果做不對，創業也不會成功。就我的角度看來，我覺得最重要的是人，什麼人做什麼事，如果你有把握把數位資產經營得比接手前好，那你一定要嘗試看看。其次，這個人該做什麼事？想好創業項目是起步的重要關鍵，市場能提供的東西有限，即使目前待售的數位資產高達 200 多件，但是這些資產有好有壞，挑選項目前一定要做篩選，相信市場一定會出現一個專屬於你的數位資產。但在此之前，你要把自己準備好，尤其要知道什麼類型的數位資產最適合你。這就有點像是男女朋友交往，寧缺勿濫，如果在還沒找到好對象之前，盡可能把自己整理好，等待你的真命天子／天女出現的時候，我相信你一定可以好好把握機會。

▮▮▮ 創業，成功好難？

　　大部分媒體對創業的描述都是誤導成一開始創業有多難，創業者之後經過各種難關終於成功！我認為這都是騙人的觀點，如果做一個事情讓你感覺到很痛苦，你肯定不會成功。真正成功的創業家，哪怕他當時的創業環境非常差，但是他在過程中一定是很快樂的，一定是很享受那種狀態的，在此基礎上，他才能成功！

　　反觀來說，數位資產的經營也是，真正好的數位資產是你找到了經營的樂趣，失敗不是成功之母，成功才是成功之母。一個人只能從成功走向成功，不可能從失敗走向成功。做一件事情，只有你找到了做這件事情的樂趣，你才能真正的把它做成功！

▮▮▮ 如何找到合適自己的數位資產

　　經營一個事業剛開始，一定都是比較缺經費的，每個支出收入都必須非常謹慎，資金所帶來的壓力是非常大的，很多人失敗就是因為心裡無法承受這麼大的心理壓力而導致失敗，所以在找尋標的物的時候，一定要給自己一個衡量標準，看看自己是否能獨立承擔這樣的壓力。

　　從 1 開始的創業，資金壓力相比從 0 開始相對沒那麼大，但是當我們有了接手別人數位資產的想法，在開始行動之

前，也是需要思考的。

1. 財富的意義

　　口袋愈有錢的人愈會計算，你要是有 5 元，可能會直接全花光，但是有 500 元的話，就會開始考慮要購買什麼東西。要經營事業，必須瞭解金錢對自己的實際用途，不能簡單地認為金錢只是生活所需，尤其在生活已經富裕的情況下，賺更多的錢是為了什麼？為了換個房子？為了得到別人羨慕的眼光？每個人的選擇都需要一個理由，有了這個理由，我們做事才有方向，做起事來就會更加努力。

2. 賺錢的方式

　　賺錢方法很多，關鍵看選擇是否正確，不正確的選擇很容易招致失敗。一般來說，不熟悉的東西就不要去做，因為自己不熟悉，思考的面向會比較狹窄，風險就會大大增加，如果自己什麼都不熟悉的話，那就去找個工作，以後再創業，或者認真的總結自己的優點缺點，然後再去選擇。

3. 思考最適合自己的賺錢方式

　　很多創業的人看見別人做這項產業很賺錢，就想立刻跟進，結果血本無歸，為什麼會這樣呢？因為我們要分析這個產業是否適合自己。例如：廚師出身更適合去開個飯店，而工程師更適合承包工程去做，如果廚師去承包工程，而工程

師來開飯店，那肯定失敗率就會增加。

　　數位資產的經營絕對跟你的興趣有關，如果你的興趣擴展可以發揮得很好，我相信你也可以把這個創業做得有聲有色。此外，工作模式也會影響你的斜槓創業選擇，以下我將分類不同類型的工作模式，幫你找到適合自己的數位資產。

1. 低類型（一週工作 2 天）

　　你適合經營內容和媒體，內容與媒體注重於數位資產的搜尋排名，只要固定新增內容，這可能會變成不錯的被動收入。

2. 中類型（一週工作 4 天）

　　你適合經營 SaaS 或軟體產品，因為你不需要花費太多時間與顧客溝通，產品做好之後你可以直接利用行銷工具觸及到對應的使用者。

3. 強類型（一週工作 6 天）

　　你適合經營電子商務，電子商務網站需要每天回覆客人訊息、出貨訂貨，也要每天控管網路上面的價格，隨時都要上新品。

　　如果你想嘗試新想法，應該可以嘗試經營低類型的數位資產，這不會浪費你太多時間，每天耕耘一點也會有不錯的

被動收入。如果你確定想要創業，你可以選擇中類型的數位資產，這也是簡單可以嘗試 MVP（Minimum Viable Product，最小可行性產品）的方式。如果你有一點錢又想創業，你可以想像經營強類型的數位資產，這類型的數位資產也會讓你收入加倍。

STEP 03 具備購買數位資產的條件，抓準客群

其實購買數位資產跟興趣有關係，身為數位資產專家，非常清楚購買數位資產除了錢以外最重要的就是實戰經驗，如果你的心態只是要買一個別人已經幫你賺錢的數位資產，你可能要失望了，很多的數位資產在接手之後還是要花很大的心力去做維護與擴展。

經營數位資產，你必須具備以下四個條件：

1. 看見錯誤，快速改變與打掉重練

打掉重練不賺錢的業務，讓新想法加入、讓數位資產脫胎換骨。Pivot（關鍵轉折）是經營數位資產最重要的一步，如果這個數位資產並不是這麼理想，你可以接受錯誤，勇於改變，愈挫愈勇就能找到下一個走往最佳出口的方式。

2. 快速迭代，大膽邁進

當大家一窩蜂都在做數位資產的時候，失敗、不賺錢，不成功已經是這個產業的常態，如果你看見了機會，我相信一定要用最快的速度破壞性突破，夠狠的投入，大步快跑、

大膽搶進，絕對是比金錢更重要的必備特質。

3. 快速模仿，不斷升級

　　如果購買數位資產後，你的事業都不成功，請不要放棄，快速學習與模仿，我相信在借用別人的想法途中，你可以享受爽快與痛苦。這是非常難用言語形容的感覺，當你能接受失敗，讓別人冷嘲熱諷，最終不斷升級，這就是經營一份事業最重要的特質。

4. 真實表達，用戶體驗

　　其實每個數位資產的背後，一定都有一群死忠粉絲的追隨，「真實」是網友喜歡的唯一套路，用戶體驗加上真實的用戶表達，這絕對是金錢買不到的，發揮數位資產的專業特質之外，依照真實表達、關注用戶體驗來找出符合自己的定位，這件事也很重要。

　　網路的新時代裡，有人很幸運地可以順著浪潮快速攀升上高峰，也有不計其數的人在網路藍海當中載浮載沉甚至滅頂消失，網路創業者不斷地燒錢苦撐，燃燒著夢想，找到目標客群，就是找到一艘幫助上岸的船。

▋▋▋ 數位資產經營的硬道理

　　「微軟以 75 億美金收購 GitHub」[7]、「亞馬遜計畫以 10

億美金收購網路藥局 PillPack」[8] 這類型的新聞層出不窮，不同時代的數位資產就會有不一樣的產物出現，不斷地嘗試與迭代。這就像是臺灣知名新創創業家郭書齊、郭家齊兩兄弟，在創業初期，他們以三週的速度建置一個網站，在一年之後架設了 10 個網站，在他們創業以來已經創立了大大小小 20 個不同的數位資產，有的成功賣掉，有的失敗收場。無論是什麼點子，都是需要先嘗試才知道可不可行，你想成功一定要有砍掉重練的勇氣，測試市場、測試產品，在最短的時間關掉網站、賣掉網站，這就是經營數位資產的硬道理。

微軟財務長 Amy Hood 曾經在媒體採訪中說到，過去五年，微軟皆在尋找社群公司以及「數位資產」相關公司作為收購目標。微軟在五年內陸陸續續收購的公司包含 LinkedIn、Minecraft、 GitHub，Hood 也說到，「在過去 5 年裡，我們的收購目標一直很穩定，例如：購買社群公司、尋找數位資產、找尋不斷增長的市場，以及尋找我們可成為更好領導者的地方」，國際大型公司以「買買買」來獲得目標客群，這也是為什麼微軟可以一直站穩全球科技龍頭的角色。

值得提到的是，微軟的併購也非常有意思，他們希

註 7   https://www.inside.com.tw/article/13131-microsoft-to-acquire-github-for-7-5-billion

註 8   https://www.bnext.com.tw/article/49709/amazon-to-acquire-online-pharmacy-pillpack

170   **創業。從 1 開始**

望補足原先沒有的項目，例如：LinkedIn 連接專業人士、Minecraft 連接玩家、GitHub 連接開發人員。微軟併購的資產背後都有它的用意，因為這些資產遍布在世界各地，使用者也是在世界各地。

微軟的併購之路還在進行，但是在微軟的帶領之下這幾間公司始終維持非常好的成績，LinkedIn 會員數增長至 5.75 億、GitHub 有 2,800 萬開發者，而 Minecraft 每個月有 9,100 萬玩家，這些目標客群都隨著買買買策略變成了微軟的客群，這就是數位資產的買賣奧妙，我相信微軟在某種程度也是希望創業可以從 1 開始。

▌▌▌ 購買數位資產的 4 種人

1. 買 A 做 B 的人

從 1 開始的創業中，買 A 做 B 的人其實算是大宗。很多人看準了既有的流量，希望可以利用流量紅利導流自己在販售的產品，買 A 做 B 的人大部分的出發點是保有競爭優勢，因為想要透過快速的方式來提升自身競爭力，這就有點像是企業併購，併購了既有的數位資產再延伸做其他事情，這樣的併購已經非常普遍。例如：

▶ 某個蝦皮商城的代購賣家，商城帳號原先專門賣歐美化妝

用品，買家則是在做精品代購的空姐，專門代購高單價的包包與皮件，她先購買了目標客群類似的數位資產，再將客戶互相引流。

▶ 專營電腦耗材電商的老闆，因為看到行業的門檻，他寫信詢問我們他想併購一個類似辦公用品的電商，我們幫他找到了一個標的物，他也成功併購，讓品類延伸到辦公用品與列印影印設備，做到一站式服務。

2. 沒流量買流量的人

很多數位資產的營運者，因為不瞭解流量的重要性，常常忽略了流量，更有很多業者做完網站就期待自然流量會憑空產生。但是很可惜的，網路世界並不是這樣。流量需要基礎建設來達成，從 1 開始的創業可以接手別人的成績，流量也可以換手經營。例如：

▶ 某電視製作單位，因為剛建立一個新節目，粉絲專頁並沒有人氣，靠著知名主持人導流依舊效果不佳，利用買其他人的粉絲團再做更名，直接吸引舊粉絲團的潛在人氣。

▶ 成人影片機器人，因為剛創立沒辦法吸引流量，靠著分享影片也無法把流量提升，後來經營者看到我們網站上有幾個目標客群與他們相近的資產，併購後，靠著不斷的新增內容成功導流。

3. 想增加營業額的人

　　企業主在經營事業時，一定會碰到一個非常難突破的天花板，如果想增加收入，可能要多增加服務品項，但是在增加服務品項的同時，多少人還會想從頭開始經營呢？靠著購買新的數位資產可以達成這類型的規劃。很多老闆曾經詢問我有關於這類型的資訊，他們希望可以買到一些既有的產品線，讓營收變得更好看，換句話說，就是併購其他資產，讓營收認列到旗下的企業體。這類型的手法在數位資產的買賣也非常常見。例如：

▶ 知名雜誌品牌，因為想要在美國上市所以要快速增加公司營業額，讓公司可以馬上和資本市場對接，這類型公司通常看的標的物就是想要快速灌入可觀營業額，讓原有公司獲得併購標的物的利益。

4. 想有被動收入的投資人

　　其實數位資產就像是一個被動投資，我認識臺灣很多數位資產持有人都非常厲害，光靠 Facebook 的發文廣告收入每月就高達百萬，不少數位資產的投資效應遠高於金融產品，可以直接看到成效。在這個大數據的年代，你也可以善用數據分析工具，為自己帶來被動收入。例如：

► 一個剛生小孩的家庭主婦，想找一個被動收入的事業來做，所以她請我找一個類似代購的 Facebook 社團並在上面賣東西、推廣自己的一些手工商品，後來這個社團成功轉手，家庭主婦也獲得了另外的被動收入。

　　不論你是買 A 做 B 的人、沒流量買流量的人、想增加營業額的人，或是想有被動收入的投資人，這些都是創業從 1 開始的輪廓，要如何發揮到最好其實還是非常看重經營者。目前市面上也有滿多的電商代營運業者協助你經營好數位資產，或許這也可以是買賣數位資產的無痛接手的好方法。不管怎樣找到屬於自己專屬的數位資產，這才是最重要的。

STEP 04 創業如何發揮最大綜效

綜效（Synergy），是創業家常常在找的關鍵指標，指的是資產整合後，績效將超過原來的個別部分。例如，某家石油公司有完善的分配網路，而另一家則蘊藏豐富的油田，兩公司合併後，產生的綜效將比以前有更高的每股盈餘，那麼合併就是發揮了綜效。

綜效就是「1 + 1 ＞ 2」的效果，即整體價值會大於個體價值的總和。任何營運合併所依據的基本理論都在於綜效，它是策略的一種，在進行數位資產購買時，不單只是產品的綜效，企業的綜效也非常值得考慮。

很多人常問，創業要如何發揮最大綜效？在考慮到綜效時，我們有四個主要的考量點：

1. **產品／市場範疇：**企業要將自身的產品／市場定位，限制在某特定產業，以利找出企業目標。
2. **成長向量：**企業可以透過現行的產品與市場，朝新產品、新市場發展，而成長的有效工具包括：往新的生產或配銷層級整合、發展新技術或取得特有能力與資產、形成持續

的競爭優勢。

3. **競爭優勢：**尋找特定產品與市場定位，以提高公司競爭優勢。

4.. **綜效**：合力大於分力的道理。企業在經營時所提供的產品及所面對的市場並非單一項目，若彼此間能有效配合產生特殊利潤，就是達到了綜效。

　　瞭解完這四個考量點後，我們回到前面提及購買數位資產的 4 種人，你認為這些人分別達到了哪些綜效呢？

 測驗　　　　　　　　　　　　　　　　　TEST

1. 買 A 做 B 綜效：
2. 沒流量買流量綜效：
3. 想增加營業額綜效：
4. 想要被動收入綜效：

解答：

1. 買 A 做 B 綜效：不同產品共用同一套系統，利用系統延伸更多商業可能。

2. 沒流量買流量綜效：流量，資產歷史的高度利用，學習曲線利益極大化。

3. 想增加營業額綜效：原有資產的收入與現有資產的收入合併。

4. 想要被動收入綜效：投資且適合經營與收入來源有助於投入發展。

▋▋▋ 達到綜效的 3 個方式

1. 資產垂直整合

數位發展已趨於成熟，「小＋大」的垂直整合路徑形成，無論是作為客戶、合作夥伴、投資者，或是潛在的收購者，創業公司的未來與大型企業公司的戰略將密不可分，企業的合作要非常緊密。在網際網路世界，愈來愈多一樣的產品與服務存在，垂直整合讓新創得以生存下去，巨頭企業則通過資本重組的方式獲得創新成果，占有產業鏈更多的份額、效率和產出。

數位資產的買賣其實非常活躍，只是在檯面上的買賣平台確實不多，資產的垂直整合，最重要的就是要讓企業達到最大綜效。例如：零食電商想要出售資產，最適合買的企業包括屈臣氏、康是美、日藥本舖等等藥妝店，因為這些藥妝店也在做零食販售，同時比較不注重線上通路開發，如果垂直整合，可以有助於藥妝店把線上電商的行銷缺口補足。

2. 資產加速擴展

一直以來，我對於創業都非常有興趣，只要有人跟我討論創業項目，我都會給予非常多的建議。對於創業項目，人們的第一反應往往是那些具體的產品，而缺少一些更深層次的理解，當然，大部分的創業一定要瞭解你的產品核心是什麼才能進行創業，自己能做什麼？需要什麼？你一定要非常清楚。

我們看到的是，在這個即將進入網路時代的大社會中，全球的距離正在進一步縮小。如果說過去影響著全球通訊的要素是交通和通訊，那麼如今持續驅動著我們零距離的要素就是網路資源。資產加速的重點在於互聯互通，讓產品與產品、企業與企業間的交流愈發頻繁，而對於創業者而言，如果可以架構出一個生態模式，讓資源與創業者愈來愈近，這就是加速資產快速擴展的方式。

資產的加速擴展可以說是讓現有資產與其他資產兩個加總起來，產生一定的綜效。這是企業如果缺乏什麼就補什麼的概念，例如：某建設公司因為新的建案已經有一個 100 人的粉絲團，但是新的粉絲團並沒有人氣，所以他們想利用併購粉絲團的方式讓潛在 TA 找到他們，於是我仲介了一些之前曾經在北部相當知名的建案粉絲團，粉絲人數高達 3 萬人，該建案已經完銷，粉絲團也沒在營運，於是我仲介這個建案粉絲團，並賣給了新建案的建設公司。經過合併加速擴展，

新建案公司把粉絲團經營得有聲有色，讓原有精準 3 萬人的粉絲，變成新建案的潛在看屋群眾，這就是資產加速擴展的方式。

3. 資產投資與併購

　　網路公司在接下來的五年會投資更多傳統企業，很多網路公司都是從 2C（消費者端）業務起家，目前，雖然該領域紅利猶存，但不可能像之前那樣一飛衝天了。臺灣有很多很好的傳統企業，且產業類型廣泛，從工業、農業、製造業至服務業都有，能否用網路技術來賦能這些傳統產業，是線上 2C 業務的新機會，所形成的「產業網路」也可以理解為「網路＋戰略」的升級版。隨著產業網路時代的來臨，未來網路公司會投資更多的傳統企業，這樣的投資併購案例也會愈來愈多，傳統企業會變成主角、有自己的網路解決方案和商業模式，而這也代表著，各行各業，尤其是很多傳統行業會把數位資產、網路、大數據結合現有商業模式互相發揮，讓整體的競爭優勢大幅提升。

　　資產投資與併購最有名的案例，就是我曾經仲介過的某上市公司。他們是非常傳統的紡織企業，但是對於線上銷售卻一竅不通，我仲介他們的標的物是臺灣第三大女性服飾電商，紡織企業在併購之後快速導入自家的產品，不需要從 0 開始創業，如此選擇投資與併購的方式，成功讓他們搶下市場份額，而這樣的產業合併與整合將來會愈來愈多。

創業的盈利能力

　　我相信創業的起始目標一定是盈利，不盈利的事業也不會有人堅持，其實創業者對於錢的敏感度一定要保持在最高境界，如果這個創業無法為你帶來盈利，你一定要開始考慮有沒有其他創業更適合你。

　　Michael Moritz 是著名風投公司紅杉資本（Sequoia Capital）的合夥人。他投資 Google 1,250 萬美元，獲利約 50 億美元，據估計，他的個人財產超過 10 億美元。在閱讀他的自傳時，我對他的一些創業原則很有啟發：

1. **創業的核心問題是你能為你的客戶做什麼。**你的產品能為客戶提供什麼？這是最重要的問題。只要有人需要你的產品，你就能活下去；愈多的人需要，創業就愈可能成功。
2. **你要創造一些不一樣的東西。**如果你跟別人生產一模一樣的產品，就很難吸引顧客，你只能訴諸於低價。真正成功的創業者，都是創造了不一樣的東西，蘋果公司的口號就叫 Think Different（與眾不同）。

3. **不要好高騖遠。**第一件事就是確保今天能生存下來，然後生存一個月，接下來一個季度，然後全年，然後擔心來年的事情。

4. **你要注重細節，這是所有成功者的特質。**許多成功的創業者，都對各自行業的技術和生意具有巨大的興趣和深刻的理解，他們往往都是沈浸在這個領域細節中的人。對於那些只想「撈一把」的人，細節看起來太瑣碎了，很難令他們產生興趣，或者感到興奮。

5. **如果你的公司不能產生利潤，就不要去借錢。**過去，太多的企業采用投資驅動的模式，借錢運作，賺取差價，比如那些槓桿收購[9]，它們只有盡可能地多借錢，才能賺到更多的錢。這種方式最終必然會產生崩解。

6. **你要保持熱情。**創業將是一次困難的歷險，所以最好是你自己真的想去做它，但也不要頭腦發熱，衝動行事。

　　從 Moritz 的創業原則中，可以看見他務實的態度，創業盈利對一個創業者來說真的太重要，以下，我要請你先做一張「創業合適性評估表」，接著，我們來談談那些懂得聰明盈利的佼佼者。

註 9　槓桿收購（Leveraged Buy out, LBO）是一種收購方式，即為舉債收購。

▶ 你是否是個自動自發的人？	☐
▶ 你是否可以堅持到底做自己想做的事？	☐
▶ 在沒有收入的情況下，你是否還可以維持生計？	☐
▶ 能否接受常常一個人孤獨工作？	☐
▶ 是否能妥善處理壓力問題？	☐
▶ 是否喜歡和瞭解創業的題目？	☐
▶ 你是否已經準備好資金？	☐
▶ 若是貸款創業，你是否想過還款來源？	☐

以上如果打勾愈多，代表你已經準備好開始創業，那麼，我們就來看看多數的創業者如何聰明盈利：

1. 買網站作跳板的人

做任何事情一定要有目的，拿數位資產當成跳板的人愈來愈多，從斜槓變成經營數位資產，正是新的數位環境所產生出來的跳板模式。就像是郭家創業家兄弟，他們利用簡易實現的方式驗證市場，三週就可以把一個商業模式做出來，送到市場測試，很快的也可以決定這個商業模式是不是值得

繼續下去。網路的基本特性就是非常輕盈，輕資產可以隨時測試，建站也不需要花太多時間，對於新的趨勢，這個世代的人一定要非常注意。數位時代可以不斷地用最快方式測試網站、測試市場、測試產品，輕資產的特色也可以讓經營者在最短的時間決定要不要繼續做下去，而談完快速測試市場兜售資產變現的人，相反地，也有人購買他人的數位資產作為跳板。

我的創業就是從買網站開始，網站的特性非常明顯，開發起來也簡單，不像 App 的開發成本高，還要和其他 App 競爭用戶的使用時間。網站透過產出好的內容與產品來吸引消費者，取得流量也非常多元，所以當提及用數位資產作跳板，不少人會毫不猶豫地買網站，這是在數位時代裡最可以成功的方式。

2. 借殼上市的概念

其實買數位資產就像是借殼（Shell）上市的概念，一家私人公司（Private Company）通過把資產注入一家市值較低的已上市公司，得到該公司一定程度的控股權，利用其上市的公司地位，使母公司的資產得以上市。買數位資產也是一樣的概念，有些資產已經經營到非常好的階段，買下來就是直接擁有它之前的所有歷史與整體資源，完全跟借殼上市是一樣的觀念。

一個產業或市場最怕沒有通路，若可以借殼找到一個好

的數位資產，利用原有的資產競爭優勢持續深化，你就有可能利用借殼上市的概念購買數位資產，並經營得有聲有色，這就是不少創業者聰明盈利的方式。

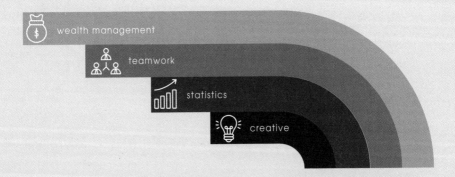

wealth management

teamwork

statistics

creative

數位時代
關鍵的商業模式

Starting from ONE

PART. 5

前面我們已經提到數位資產是什麼、如何幫助你在事業路上降低風險？這一章我們要說到數位時代的商業模式需要具備哪些條件？這是身在數位時代的我們都必須知道的，這對每個人均擁有十分重要的目的：**讓個人收入更具保障**。

對個人來說，當大家說「零工經濟時代」已經來臨，就業不一定是最有保障的選擇，而在創業不一定要從 0 開始的今日，人人都可以跟隨著數位時代的商業模式，讓自己的收入有更多保障。

你可以利用能力所及來創造收入，這種確保收入與安全感的方式，是數位時代與其他世代最大的不同，也是最新的商業模式。

▋▋▋ 數位時代的商業要素：FAST

談及數位時代的商業模式，我把它的四個要素縮寫成FAST，他們分別代表的是：**彈性（Flexibility）、自動化（Automation）、穩定（Stable）、透明（Transparency）**。身處在數位時代，必須懂得輕資產的擁有與數字數據導向的分析，因為環境變化快速，不僅市場總值愈來愈大，數位時代的資產也愈來愈轉向資本戰。

另一方面，數位時代的持續進化，例如：語音助理、語音辨識、機器人自動化、無人車等新技術的發展，讓人力可以發揮最大綜效與價值，對於一個不是從 0 開始的創業家來

說，在決勝關鍵時，要能清楚知道數位時代的商業要素就是開放、彈性、穩定、透明這四項，就是數位時代裡最強而有力的成長火箭。

數位時代的環境變化快速，市場總值愈來愈大，不只要在森林裡打野戰，還要懂得開戰的策略變化，保持應有的彈性與穩定。

數位產業是個高度競爭的產業，這個競爭是會變動的，你在變動的時候別人也在變動，在競爭過程中資源有限，要怎麼在資源穩定的情況下有高度彈性以跟上數位時代的浪潮，是每個斜槓創業家都需要面對的課題，這是商業模式要素中的「彈性」與「穩定」。

而在速度快、商業模式也轉得很快的數位時代中，「自動化」不僅能幫助經營者快速地建立體系，也可以讓商業模式在變動的過程更加順利。團隊要快、技術管理要強，經營者要有高效能的執行力來開發新的產品與邏輯，用最有效且快速的方式測試各種新想法、優化好的點子，這個過程，可能在幾次的經歷下會變成一套SOP，利用數據符合市場需求，提升更大的商業價值，就是經營流程自動化的產物。

最後一項要素是「透明」[10]，數位時代的世界裡，透過

註 10　團隊的透明程度代表團隊是扁平發展，沒有階級與職位的束縛，每個人都可以透明公開的討論事項。

系統將資料數據化，不僅能讓資訊一目瞭然，也可以減少溝通成本讓所有資訊透明，像是善用協作工具 Slack、Trello 這些通訊軟體，減少內部的溝通成本，不僅內部透明，對外，用戶也能透過內容等資訊瞭解經營者的理念與思維。

數位小辭典　　　　　　　　　　Digital dictionary

Slack： Slack 是「團隊協作溝通工具」，在 Slack 上溝通可以被管理，並轉化為有效率的工作流程，而「溝通」和「通訊」的不同，在於前者強調深入的理解，後者著重訊息的傳遞。

Trello： Trello 專案管理小工具，它類似一個看板的管理工具，更因為擁有多人共編的特性，你可以很簡單地做到旅遊行程安排，團隊待辦事項等其他領域各式各樣的專案管理看板。

　　一個好的商業模式一定要包含上面的主要條件，在數位時代的商業模式裡，嘗試去看到更多細微的變動，再去順向發展茁壯、成為自己的能量，那你就是在這個世代裡最完美的玩家。

　　數位時代的商業模式可以分為很多種，企業過去是以升遷、優渥的福利和退休金作為年資獎勵，但身處在數位時代

的你，必須要經營數位資產才能讓世界認識你，但記得不要被數位化的變動給淘汰，商業模式建立就是找尋更多機會管道，你一定要經營過粉絲團、一定要有自己的 Instagram 帳號，這些都是數位資產，他們可以變成你賺錢的工具。但首先，你要懂得數位時代商業模式的經營，除了前面提到的四個要素（FAST）外，從 1 開始創業的商業模式必須要具備某些條件，接下來會一一說明。

01 清晰承接他人品牌

　　擁有從 1 開始的創業，懂得清晰承接他人的品牌十分重要。可能這項數位資產原先擁有自己的經營風格，在接手後，你對這個資產的想像也會和原先的商業模式不同，融入到他人的品牌中。如果有一天，原本自己常去買的巷口咖啡店，或是現在每天在吃的早餐店，有一天突然換作你在經營，你對這些資產會有什麼想像？每個商業模式都有老闆的靈魂，但是清晰地瞭解這個靈魂，能讓你投入經營後賺取更多收入。

　　在從 1 開始的創業中，承接他人品牌的目的在於學習與降低創業風險，在不需要從 0 開始單打獨鬥的前提下，你可以直接承接靈魂、慢慢測試市場、反覆調整服務價格、快速熟悉產業，甚至可以以副業性質，產生營業收入幫助你過更好的生活。

▌▌▌ 如何清晰承接他人的品牌？

　　自己創辦品牌會花費許多的精力、物力和財力，在創辦品牌時，不只需要找場地、建置網站，還需要行銷宣傳來展

現品牌的理念與細節，而接手別人的品牌就相對不需要花費太多的精力。一般來說，創業前期那段最困難的部分，包含硬體或軟體的搭建，當這些基礎建設都已經正式運作，你只需要從環節上查漏補缺就可以上手。但是在擁有基礎建設的情況下，如何清晰承接他人的品牌也變得相對重要，你承接的品牌可能有原先自己的風格、自己的粉絲，唯有清晰地承接、循序漸進調整，才可以最大化地去善用承接的品牌。

如果將承接他人品牌分作兩個階段，接手前、接手後都有各自應該要注意的事情。接手別人的項目前，首先要問清楚品牌轉讓的具體原因、硬體設施是否符合你的定位標準、是否有該有的執照，也可以做一下市場調查，問問看之前的客群對這個品牌的印象，以便接手後經營定位。另外，還要考慮是否有債務糾紛，盡可能蒐集品牌的相關資料，做到多面向的評估。

接手別人的品牌後，不能光想著如何穩定下來，而是要求新求變。縱然剛接手的品牌，經營者難免會有一些陌生感，但在競爭激烈的市場上，品牌想脫穎而出，形成自己的特色是關鍵。我們已經處在資訊流爆炸的數位時代，品牌崛起需要有自身的特色，除了提供優質的服務外，還得擁有競爭對手沒有的服務，一切都考驗著執行者的管理，要能在接手後清晰承接他人的品牌，確保穩定的執行力是執行者的必要任務。

為什麼穩定的執行力那麼重要？執行力穩定與否影響了

整體品牌的價值，有些品牌理念先進，但缺乏營運與執行；有些品牌有很強的媒體曝光，但最後卻無疾而終。我認為對的事情，一定要交給對的人做，會開發網站不會行銷的老闆，可能不太會成功，但如果把開發好的網站賣給會行銷的人，或許結果會不一樣。**而從 1 開始接手經營和從 0 開始最大的不同，是必須更專注於不斷改進並完善品牌，因此，品牌實踐與建立有效的考核工作在經營過程就相當重要。**承接他人品牌的同時，建置評估的考核體系，藉此檢查承接的品牌是否穩定，才能推進品牌的穩固發展。

▌▌▌ 清晰承接後，品牌突破更重要

做到不只承接品牌，而能為品牌尋求下一次突破，你的想像非常重要。承接他人品牌的前提一定要對這個品牌有所想像，並且讓這個想像發揚光大，數位資產市場不停增加，這讓接手他人品牌變得愈來愈容易，在投入成本不變的情況下，接手別人品牌比自己做品牌更具優勢，不只跳過了草創階段的行銷與優化等一系列難題，也節省了品牌發展的成本。對品牌創業者而言，前人的經營經驗也是一個助力，那麼「如何在接手別人品牌後做得更好？」，就成為接手經營者主要投注心力的課題。也是大多數接手品牌的新手比較關心的問題。要想營運好品牌，甚至要突破原有品牌的操作方式，建議**持續保持原有品牌的形象與名稱**。我曾經遇過有些接手品

牌的買家，他們迫切想要把原有品牌名稱做更改，之後不但粉絲對品牌不信任，也流失了很多忠實顧客，在承接品牌的初期階段，盡可能維持接手前品牌的營運類別與項目，讓這個品牌的顧客資源維持，買家能夠更充分地利用這些資源來轉讓或增加品牌銷量。

接手別人品牌的確為經營者省下不少時間與金錢，但是接手後並不是無事可做。接手到好的品牌僅僅代表前期的基礎建設能順利營運，假如品牌接手者不好好營運，承接的效益也只是曇花一現，畢竟依然有許多品牌不是利用接手經營取得成功，那只能讓你比別人多贏在起跑點，接手之後的改革才是最重要的。

大多數人所說的品牌突破，勢必要做些新的東西，但在剛承接品牌的當下，要讓品牌突破變更好，可參考以下五點建議：

第一，在你接手之前，這個品牌應該是正常運行的。所以，在你不知道怎麼做之前，就什麼都不要改變，一切按照原有方式執行。

第二，要馬上學習相關知識。要試著全面學習而不用太過於專業，因為你現在沒有多餘的精力和時間太鑽研某項知識，建議企業管理、行政管理、人事管理、財務管理、績效管理、營銷管理、公關學等，什麼都學一些，缺乏什麼就學什麼，實用最重要。

第三，瞭解目前品牌的各個方向。從生產到銷售，從後勤到行政，從薪水到財務，瞭解得多就會想得全面，遇到問題時也就有辦法解決。

　　第四、在書上學到的東西不要搬到品牌中來。有太多太多的東西不見得符合實際情況，你可以按照自己的想法改進、完善、健全，但要一點一點的測試，發現情形不對就馬上調整，給自己留下改正錯誤的機會和時間。

　　第五、嘗試與新科技做結合。讓品牌可以愈來愈有活力並活化，也讓這個品牌不會因為產業的迭代變動戰死在沙場上。

　　大約接手 2 至 3 個月後，你就會習慣這個模式。在承接他人品牌的初期，最重要的就是調整個人心態，什麼都不要急，慢慢來，少說話，多瞭解，不要盲目也別無奈，自信地去瞭解並承接他人的品牌。

營造數位資產的氛圍

　　現在是數位轉化成金錢的時代，有一批人善於點石成金，當「網紅」變成網路產業的常態，影響力就是他們的財富，不只廣告主紛紛找上門，連政治人物都要懂得「異業合作」，一下子 55％ 的廣告分潤、動輒上百萬的廣告業配，網紅的影響力直接轉化變現，成為新時代數位資產變現的方式。

　　根據全球領導性網紅行銷媒合平台 Influencer Marketing Hub 2019 年的預估報告，網紅經濟於 2018 年逐漸成形，每個人的影響力都不容小覷。網紅不但能引入龐大金流，網紅行銷的經濟規模甚至上看 2 千億台幣，儼然是一個大產業。這個市場是目前網路產業與數位資產變動最大的產業，其中，伴隨著網紅的興起，數位資產的價值被愈來愈多人挖掘，粉絲專頁與社群媒體的買賣還是占數位資產買賣的最大宗。

　　網路產業除了網紅之外，另外一個快速興起的事業就是網路商店的經營。網路商店的經營簡單來說就是在網路上面賣東西，它的發展隨著競爭愈趨激烈，已經從大平台、大流量慢慢轉向個人品牌、細分客群的網路商店經營。大平台與大電商的紅利已經不在，如果要說下一個世代的紅利產品，

消費品品牌絕對是很有機會的，因為現今的消費品品牌可以客製化處理訂單，能相對容易地鞏固住品牌忠誠用戶。就像 2018 年臺灣快速崛起的 C2C 電商「蝦皮」（Shopee），個人與品牌的電商氛圍已經慢慢養成，這些都是網路產業與數位資產的氛圍變動。

數位資產交易看重的是價值認定與獨有資產的主題性、垂直領域，不論這個社群在講的主題是體育還是美食；這個網路商店賣的商品是運動用品還是零食，只要有主題性或是垂直領域的數位資產都屬於高頻率交易資產，這些資產可以接觸到的用戶非常直接，也是眾多廠商的最愛。

營造數位資產的氛圍其實有技巧，其中，最重要的就是如何讓這個資產變成獨有資產，也就是和別人不一樣、特別的資產，這個資產一定要有主題性、在垂直領域有一定聲量，那麼在細部執行面，如何營造一個數位資產氛圍？經營出價值高的數位資產？

網路商店與社群媒體的管理好與壞，會直接或間接地影響資產的銷售與聲量，因此，做好管理是創作獨有資產的首要任務，以下，我將網路商店與社群媒體的 5 種經營管理列出，並逐一介紹方向。

1. 布置管理

網路商店與社群媒體的布置，主要是首頁整體的規劃。首頁是整體展現商品、內容等的第一道門檻，首頁的訊息會

塑造客戶對品牌的第一印象，經營者應注重整體資產布置的美觀、流暢、配色等等，並加以加強，記住重要訊息使其第一時間展現出來。布置管理可以體現整體資產的 UI ／ UX，沒有絕對的答案，但不變的是清楚易懂，就像以下三位頭家的訴求，簡潔明瞭為第一原則。

► **A**：整潔大方體現一定的特色，不能一味追求花俏好看，考慮大眾的眼球。

► **B**：方便與瀏覽和查找，不要太過複雜或還需要「技術性操作」。

► **C**：第一時間展現主要商品與內容，有限的頁面要合理運用，不要放上無關緊要的圖片和訊息。

2. 商品管理

商品管理包含主要商品的擺放、商品更新，這直接關係到網路商店給顧客的信任與整體性，沒有人喜歡雜亂無章，在眾多的商品遨遊卻找不到需要商品。以下將商品管理略分為商品分類、商品陳列、商品更新三項，讓你可以一一檢測。

► **商品分類**：提供快速查找商品的途徑，好的商品分類有助於快速尋找。

► **商品陳列**：依據商品的重點進行商品擺放規劃，讓產品能

第一時間吸引顧客眼球，同時在購買 A 商品時，能自動跑出可加購的周邊等。

▶ **商品更新：**維護須即時，不要讓顧客總是看到那幾樣商品，無貨商品就要即時下架。

3. 內容管理

內容管理也是網路商店與社群媒體營造氛圍的重點，好的商品可以吸引到消費者，好的內容可以吸引到眼球，內容其實就以專業知識來操作，假如你的商店是講體育，那內容就應該多介紹一些體育相關知識。經營產品內容，有三點要特別注意：

▶ **A：**內容增加資產的專業與可看性，讓使用者因為內容被你吸引。

▶ **B：**專注於主題垂直性內容建立，增加自己的專業度，讓使用者知道這裡就是他要來的地方。

▶ **C：**利用內容輔佐商業行為，淡化商業行為帶給消費者的不自在。

4. 行銷推廣

行銷推廣方法很多，但是對於經營者來說，有效的行銷

推廣方式卻不多，目前網路上經常提到的關鍵詞、發部落格文章等方式，效果如何？是不是訊息發出去就夠了呢？如果沒有「成效」，那麼再多的行銷推廣也是白搭。營造數位資產的氛圍最重要的就是把行銷推廣做好，讓更多人知道這個網路商店與社群媒體。想讓行銷推廣有效，不妨試試以下三種方式：

► **A：向朋友推薦**——對於新建立的數位資產來說，在沒有信譽等口碑支撐的情況下，訊息發布出去也不會帶來很好的效果，等待客戶上門不太現實，最好的辦法就是向朋友介紹網路商店，讓朋友當你的第一個使用者。

► **B：關鍵字的應用**——很多人都在設置數位資產的關鍵字，但什麼樣的關鍵字有效呢？首先，要瞭解關鍵字在網路搜尋的結果，也要知道大部分的使用者最常用哪些關鍵字。關鍵字分為熱門關鍵、普通關鍵字還有一些冷門的關鍵字。你的關鍵字可以被搜尋到，這和時間、點擊率、使用頻率有著很大關聯，關鍵字的鋪設需要仔細研究，鑽研出最有效的，讓你的數位資產可以第一時間出現在搜尋引擎，這絕對是最重要的行銷推廣手法。

► **C：訊息發布**——數位資產的推廣一定脫離不了訊息的發布推廣。很多人以為訊息推廣就是發發內容、推推廣告，實際上訊息發布比大多數人想得更專業，你的訊息一定要使用軟性文，因為硬性發文會讓消費者感到厭惡，例如：

網路商店的新到商品，店家要做款式的價格優惠，這一類訊息不能隨便亂發，不然會讓消費者認為品牌就是一味地促銷。軟性的訊息是比如：服裝搭配、美容知識等，這一類訊息點擊率比硬性的訊息點擊率高上許多，借助這類軟性內容，在發布訊息中添加一些你想要做的行動呼籲按鈕，引導消費者到你想要他到的地方。

 數位小辭典 Digital dictionary

行動呼籲 Call To Action，CTA：是激發受眾實際採取行動的重要因素，常見的 CTA 包括：瞭解更多、立即購買、前往最近的門市……等，而設計形式包含 banner、button、或是圖片等等，設計方式非常多元。

5. 銷售和售後服務

數位的銷售量在經過經營者的前期努力，會開始進入銷售和客戶維護階段，這一階段是經營者產生效益的時候。在銷售中經營者的身分是多元的，他是老闆也是業務員，知識就是他的最強專業，要有好的銷售業績，銷售者一定要具備產品的相關知識並適時地提供以下三種服務：

► **A：網路商店活動**──一個網路商店，每隔一段時間可以

做一個優惠活動，根據自己的貨源進行組合或者讓供貨商提供幫助，這類增加銷量的活動，一般供貨商應該提供相應支持。

▶ **B：銷售諮詢**——銷售商品時要面對不同類型的客戶人群，每個客戶看產品都有不同眼光、不同的想法，對於客戶提出的問題，網路商店要有相應的辦法解決、具備一定技巧和常識。最快的學習方法，可以到實體店中觀察導購員接待客戶的諮詢方式，並親自體驗不同網路商店的服務，從中找出可學習與優化的地方，擁有好的售前諮詢，對成交的幫助絕對很大。

▶ **C：售後服務**——良好的售後服務是為好的資產奠定基礎，也是為了下次更容易的銷售。對於代銷和一件代發的執行者，售後服務直接受到他們的影響，所以經營者在選擇供貨時要注意，供貨商的售後服務很多時候比商品價格重要得多。

當良好的數位資產氛圍營造起來之後，你就已經成功了一半，氛圍的建立非常重要。數位與網路的作用是什麼呢？通過網路可以利用簡單、快捷、低成本的電子通訊方式，讓不曾見面的買賣雙方進行各種商貿活動，同時可以突破時間及空間、地域等限制，隨時隨地進行交易與溝通，在這樣的氛圍當中，我們可以做到四件事情：

一、極度節約商務成本，尤其節約商務溝通和非實物交易的成本。

二、極大提高商務效率，尤其提高地域廣闊但交易規則相同的商務效率。

三、快速發展數位資產，快速獲利與累積數位資產的價值。

四、累積更多數位資產，累積網際網路聲量讓數位化資產價值提升。

對於個人，累積數位資產非常重要，在如今網紅四起的世代，很多人靠著數位化賺取金錢，也很多人利用數位化帶來的效應成名。在這個世代裡你一定要跟數位打交道，在網際網路上做一點什麼，讓個人也在數位環境中發芽，建立數位資產的氛圍。

對於企業，數位資產的累積就像是另外一個全新商業模式的開發，未來將不會只有線下生意，線上和網際網路的結合才是未來的主軸。怎麼樣在數位化的網路世界站得住腳，怎麼樣可以讓企業的文化馬上傳播出去，這就一定要使用網際網路，讓企業數位化也讓資產變得更數位。

對於產業，數位化是每個國家的重要議題，數位就是把一般的傳統模式更進一步發展，我把它稱作為傳統 2.0。傳統的進化就是數位，數位讓每個人可以簡單地連接在一起，也讓商務效率提升。數位有好有壞，透明公開的世界裡不見得

什麼都好，但是卻能帶給人很多便利。

數位資產氛圍的直接作用有什麼？

第一，促進整個經濟和世界經濟高效化、節約化和協調化。

第二，帶動一大批新興產（事）業的發展，如：訊息產業，知識產業和教育事業等。

第三，物盡其用、保護環境，有利於人類社會可持續發展。

作為一種商務活動過程，電子商務是一場史無前例的革命。

經營獨一無二的數位資產

　　每個數位資產就像是不同時期的小孩，我跟很多數位資產持有人聊天，他們對他們所創造出來的數位資產都十分有熱忱。有的數位資產一出生就是巨嬰，獲得投資、屢獲獎項肯定，有些數位資產出生卻要面臨被淘汰命運、有的可能胎死腹中。其實數位資產的特色，就是要讓使用者可以黏著在你的資產上面，怎麼樣讓你的想法可以落實在資產上方，讓更多使用者使用這個資產。數位資產的建置就像是心理醫生一樣，你要不斷揣測用戶想要什麼，在資產上方再去做調整優化，一直讓資產的流程流暢來凸顯這個獨一無二的數位資產。

　　不論在做什麼數位資產，一定要記得如何讓你的使用者往下一步走。以電商的角度是，你要讓他有地方可以購買；以 App 的角度是，你要讓他可以下載註冊；以服務的角度，要讓會員可以享受服務。所以如果 Google 是起點，一切的過程頁面、終點頁面都需要精心設計。如果你讓 Google 發現這個網站是沒有終點的，Google 就會把你的網頁權重降低，因為你無法讓使用者好好享受這趟旅程。因此，建置資產的同

時，一定要想想看怎麼樣把這個迷宮做得迷人，適時地在不同地方埋入新梗，千萬要讓用戶可以順利地走完全程，不要讓使用者落單。

除了用戶動線的設計之外，隨著網路上的數位資產愈來愈多，要成功獲取高流量，在對的地方做有效的行銷是不二法門。如果你要做電商生意，在臺灣可以去 PTT 發文引流，如果你是做大學生生意，你一定要去 Dcard 站穩腳步，透過口碑與行銷將聲量轉換成流量，而能幫助你做到口碑散播的，就是最好的特色。

在創業的過程中，我曾經是 AppWorks 加速器第十五屆的新創團隊，在大家聽到 AppWorks 的當下，可能都會想到 AppWorks 的靈魂人物林之晨，而要談獨一無二的數位資產，林之晨的 Mr.Jamie 部落格就是經典的例子。不少創業者都會拜讀 Mr.Jamie 部落格，他的 TA 非常精準，當所有的創業者都會到他的部落格學習如何創業，這樣的數位資產就非常特別，他利用自己的知識為數位資產導入影響力，累積了文章與專業知識作品，奠定了他在臺灣創業教主的身分。我相信他的成功與 AppWorks 的成功，都和這個部落格有密切的關聯。

獨一無二的數位資產不只存在於企業經營，像是 YouTuber 理科太太，她總是擺出有點不耐煩的表情，語氣平淡地講述各種有趣的小知識。話題從兩性、親子，到生活時事都有，透過科普的方式把生硬的知識，用淺顯易懂的語言

解釋給大家聽，頻道創立短短不到半年的時間，訂閱人數就衝破十萬人；另一個擁有獨特數位資產的 YouTuber 呱吉（邱威傑），從 YouTuber 晉身台北市議員，這些都是典型的數位資產經營案例。他們透過數位資產快速產生知名度，再利用獨一無二的數位資產添加自己的能力，讓自己的價值愈來愈獨特。

在現行的華人市場中，新媒體是數位資產的買賣主軸，大家熟悉的社群媒體，每天都有大小不等的數樁買賣在發生，在社群媒體中，有非常多的可能。以臺灣來說，新媒體的代表就是 Facebook 粉絲團、Facebook 社團、Instagram、YouTuber Channel；中國的新媒體則包括微信公眾號、今日頭條號、短視頻帳號、微博。這類型的數位資產因為代表個人，簡單、可以傳播，也可以累積粉絲與個人聲量，整體來說，新媒體數位資產已經是華人市場最主要的買賣標的物。

STEP 04 發展破壞的創新曲線

　　非線性的 S 曲線，解釋了為什麼成長曲線會持平好長一段時間，直到觸及一個「引爆點」後，便進入高速成長的過程，最終進入 S 曲線中最頂端的「平衡時期」，達成飽和。破壞式的創新曲線就是應用了 S 曲線，谷底點代表所有個人與環境的限制，經由個人獨特優勢與市場需求的正確搭配，藉此觸及「引爆點」來高速成長，最終達到最頂端的平衡時期。以 Facebook 為例，在累積 1 億名用戶後，Facebook 藉由網路的擴散效果，增加了大批的新註冊用戶，這些用戶來自舊用戶的朋友、家人、生活圈，這股引爆力量，讓 Facebook 在四年內增加了 8 億用戶，達到最頂端的「平衡點」，成為發展成熟的社群平台，就是達到了破壞式的創新曲線 [11]。

　　要達到破壞式的創新曲線，並不是簡單地打破規則、然後重建。辨識自己位於創新路上的哪一個階段，善用個人與資產的獨特優勢，應用在適合的利基市場上，才有機會征服

註 11　引用自《破壞者優勢》，商業周刊出版。

現在的難題，給想打破限制的創業家，一個重新思考的方向。

如果以傳統「規模經濟」當道的商業模式，市場已經達飽和、甚至開始遭遇瓶頸，這時，破壞式的創新曲線就是要讓原本安逸的傳統商業模式變得更顛簸。很多數位資產持有人不會知道未來的情勢發展，也有可能今天 Facebook 改變了推播訊息的演算法立即就掉了觸及，這些都是不可預測的，加上變化莫測的環境，市場會變得更競爭，當市場飽和且已經存在大量競爭，破壞式的創新曲線，就是商業轉型的重要方法。

破壞式創新者不只會尋找未被滿足的市場，也會運用自己的獨特優勢，來滿足市場需求。首先，辨識這些未被滿足的需求，到底是「很難做到的事」、還是只是「配對錯誤的事」？如果是配對錯誤，可以靠找出精確的利基市場、增加市場需求與產品的關連性；如果是很難做到的事，從過去失敗的經驗中，探究是缺少了什麼因素？是目前技術無法做到，還是可以仰賴個人獨特的優勢去彌補？找到個人的獨特優勢，也就是自己的核心競爭力。可能是那些別人望塵莫及、追趕不上你的天份，或費盡千辛萬苦、多年累積才習得的能力。發揮最擅長、獨特的優勢，加大與競爭者的距離，最重要的是，把對的優勢放在對的需求上。

策略建議 1：利基市場，開創 WOW 體驗創新

儘管臺灣企業跟終端消費者接觸的經驗並不多，不過，

從顧客體驗出發，在利基市場創造讓顧客「哇！」（WOW）的經驗，並不是沒有機會。

例如，星巴克上海旗艦店嘗試以「咖啡烘焙工坊」為概念，開出一家半個足球場大的新店型，最大的特色是，與阿里巴巴合作，不僅以擴增實境（AR）讓消費者體驗咖啡從生豆到烘培的流程，還能夠透過淘寶下單快遞到府。這種新科技店型，會創造全新顧客體驗，但其實所運用的科技並不高深，臺灣的企業如果想，也可以有效運用，真正成敗關鍵反而在於能不能看到這些應用科技衍生出來的相關機會。

過去臺灣企業應用科技的經驗，很少走到終端顧客這端，但未來，市場分眾的趨勢十分明顯，產業與市場的碎片化，將使得那些仍期待未來市場能出現 PC 或是手機這類主流產品的企業期望落空，但在此同時，有許多碎片化的需求卻沒有被滿足。創業者不妨多方想想各種可能，刺激自己開創 WOW 體驗的可能。舉例來說，如果結合臺灣醫療產業與既有的資通訊應用科技，來創造新顧客體驗的空間，可不可能有新的服務出現呢？

策略建議 2：深耕智慧技術，加值商業創新

技術是缺乏市場的小國，面對全球市場重要的生存之道。臺灣的企業很難創造一套獨有的商業模式，但商業創新所需要的科技基礎，我們一定要比別人強。

在《哈佛商業評論》有一篇〈變形金剛商業模式〉[12]一文中曾經提到，具有轉型力的商業模式有個重要特質，**「技術趨勢」與「市場需求」要能連結，才能成就商業創新**，而科技應用正是加值商業創新的關鍵。假設大家都在做人工智慧，我們也一定要在人工智慧某一塊利基領域比別人強，再往外嘗試應用延伸，在商業創新上扮演加值的角色。

策略建議 3：重視網路效應與平台，連結生態創新

儘管臺灣企業自行搭建大型平台的機會不大，但企業一定要重視平台商業模式所帶來的影響。至少應該要跟上其中一個平台生態圈，在其中找到位置。

有些人擔心，如果我們沒有自主的大型平台，在平台擁有者才有訂定平台上遊戲規則的情況下，單純作為參與者是不是風險太大了？但我認為，平台與產品是互補的關係。今天優步（Uber）需要有好的司機，才可能持續吸引乘客；電子商務網站需要有好的商品與賣家，才能持續吸引消費者。這麼說來，產品怎麼可能不重要呢？關鍵在於，你的產品是否好到平台必須要去爭取你。而這也是另一個我認為，對於臺灣製造業來說，持續精進技術能力是如此重要的理由。

註 12　全球繁體中文版刊於 2016 年 10 月號。

創造數位資產價值的 3 個觀點

前面談過了數位資產的環境、獨特的重要性，創業者要創造數位資產的價值，一定要掌握三大方向：

一，變現能力。
二，社群力與網路聲量。
三，維護力。

很多人都怕變現能力太好會被抄襲，但是往往你在做的東西，一定也有其他人在跟著你一起做。怎麼樣可以讓數位資產更有影響力，關鍵還是在於擁有變現能力之後，後續的社群表現如何去維護經營。這時經營成效與網路聲量就很重要，當後續維護做得好、做得精，你的品牌社群就跟著一起提升價值。

▌▌▌ 變現能力

經營者時時刻刻都得想到變現能力。網路上的流量就等

於實體店的人潮，先擁有流量，才有機會變現，擁有流量後，如何將經過的用戶變成會員、商品如何正確地呈現到用戶眼前、用戶又該如何經營，這些都是變現能力的環節。而在變現能力上，前方曾經提過的這 12 個指標（3-3，p113），可以引導你去找到適合自己數位資產的變現方式。

從 12 個指標尋求變現能力的同時，別忘了，要從品牌的風格去考慮。當變現能力要與品牌風格一致，品牌就會變得更專業，專業度與品牌提升到一定的程度後，才會有真正變現的可能，如此的方式可以讓品牌變成此領域的專家，只要是專家，就可以讓品牌的變現能力提升，有更好的發展。

最後，除了考慮 12 個指標與品牌風格外，加值服務的變現也要時時刻刻地去思考。例如：幫人代操、代申請美國公司、商儲物流，就像亞馬遜的 AWS 雲服務一樣，加值的服務原先是公司自己使用，但最後也向外提供，讓自己的加值服務擁有變現能力，而這項變現能力一定要專業，專業後就會發現更多增值或加值服務，讓顧客可以更黏著在你的服務上面，這樣的機會點，來自於大多數人不太喜歡多站式地找尋服務，如果可以一站式地達到服務，數位資產的變現能力相對就會變高。

舉例來說 Alibaba 的成功就是因為他集結了全世界的 B2B 廠商，讓廠商不再需要漫無目的地找尋供應商，反而可以一站式解決 B2B 的痛點。而 Pchome 集結了臺灣的各大廠牌，不論你想買什麼都只要 24 小時就可以到貨，這也是非常

好的案例。

▌▌▌ 社群力與網路聲量

　　經營數位資產，一定要建造自己的品牌，並在社群產生影響力，持續地累積社群力與網路聲量，累積是經營社群很重要的關鍵。以 YouTuber 理科太太為例，她不像典型的爆紅，經營 YouTube 頻道，也不是經營一兩支就爆紅，而是持續以自己的風格與知識經營，才累積成今日的網路聲量；另一個例子，阿滴英文也是靠著英文短片的慢慢累積，持續不間斷地產出作品並維護既有粉絲，才一步步茁壯成現今的樣子；而以 FlipWeb 來說，部落格的經營也是累積之一，每隔 1 到 2 天就產出一篇內容，透過數篇文章來建立知識內容與網路聲量。

　　社群聲量的建置其實很像品牌建置，無論是媒體、開箱文、網友好評等等都是品牌的建置工程，這些是以前經營企業不太需要去關注的，但在數位時代，網路聲量關係到消費者見到品牌的第一印象，持續累積網路聲量，才有機會在用戶第一眼見到品牌時被瞭解，產生額外的銷量。

　　吳宗憲曾經對旗下藝人說，建議他們多產生作品，持續累積，總有一天會被人看到。不只在電視影劇，數位資產也是一樣，多產生作品與文章、影片內容等知識產出，這些都是社群力與網路聲量累積的最好方法，在數位時代，每個人

都是很公平的，不見得大家在第一次經營就會爆紅，但是持續累積好內容，總有一天會獲得關注。

而在經營數位資產的過程中，知識的多元性也很重要，像是理科太太與蔡依林、蕭敬騰等明星合作，滴妹、阿滴也常和其他 Youtuber 合作影片等，無論各種主題，創造連結與跨界聯盟都是很重要的，跨界的產出比自己單打獨鬥更有效率，很多時候會吸引到更多類型的群眾，也可以讓網路聲量堆疊得更多，產生更多名氣讓自己更有影響力。

▌▌▌ 維護力

網站伺服器斷掉或 404 Error 錯誤訊息的出現會影響顧客使用體驗，YouTuber 如果沒有持續上架新作品會被用戶忘記，唯有持續地產出並更新維護，才能讓數位資產產生價值。不只對用戶來說是如此，對搜尋引擎也是相同的，如果網站沒有持續更新，搜尋引擎對網站的好感度也會下降。網站不只是在電腦上，在不同裝置上也要能有響應式螢幕，持續去做內容的更新與維護。

而在維護力中最為重要的，依然要提到會員的分眾。無論是什麼類型的數位資產，跟顧客的維護力就是 CRM（Customer Relationship Management，客戶關係管理）系統，如果品牌的 CRM 系統不好，客人流失率一定就會高。對品牌來說，會員的想法與感官是品牌需要持續去注重的，不是

做完第一次生意就不理他了；以廣告的角度來說，維護舊客，這些已經對品牌有印象的顧客，願意信任品牌並購買的意願會高上許多。如果一個企業或數位資產來的都是新客，經營者要非常擔心，代表這個數位資產留不住客人，需要找出問題環節去優化，擁有自己的會員顧客後，就可以去做標籤化與分眾，因為分眾可以讓品牌用更精準地語言與跟顧客溝通，也可以在第一時間去針對合適的消費者做推廣。

 數位小辭典 Digital dictionary

響應式網頁設計：RWD, Responsive web design，可使網站在不同的裝置上瀏覽時，對應不同解析度皆有適合的呈現。

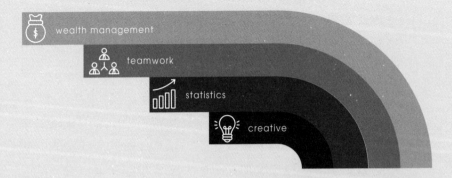

wealth management

teamwork

statistics

creative

賺錢以外的
知識財富

Starting from ONE

PART. **6**

雖然這本書的主題是在談大家可以用別人已經打好的地基再去發揮，但也並非強調「若創業從 1 開始，事業就能一飛衝天」，而是希望大家像閱讀勵志書後一樣，避免走書中主角走過的吃虧路。你或許已經比別人多贏在起跑點上，讓自己從一開始就已經是 2.0、3.0、4.0，甚至是 5.0 版本。

　　其實在創業路上，學習是最重要的，把所有的嘗試都當作是一種實驗，把別人失敗過的經驗當作學習。成功的公式很簡單，關鍵是要怎麼把別人的失敗率推翻轉換成自己的成功。如果你認為失敗是成功的敵人，其實並非如此，重要的是從失敗中學習，所以你要想辦法繼續犯錯，犯盡所有的錯誤，如此才能帶你找到成功的方式。當你找到成功的公式，就要想辦法不要再犯同樣的錯誤，那麼，你就會邁向成功。

　　從 1 開始的創業也有風險，因為每個月你都必須付出數十萬的代價，讓這家公司繼續活下去。我常常和創業家及前輩聊天，發現原來這些創業家過年也都在公司加班；或許創業的第一個過年，在家裡趕著程式設計藍圖，第二年的過年，在趕知名加速器的投資意向書。很多人可能會認為，創業這件事聽起來好棒，也很多人說現在就是創業的最好年代，但是我真的想說，「創業是孤單且有點不切實際的，當你選擇了創業，可能要把那個別人未曾想過要做的事情付諸實現，路上會遇到種種難關，而且是必須在孤獨中持續向前的」。所以我還是很真心的建議很多人，當你決定創業前，至少問自己三次：我為什麼要創業？我為什麼要創業？我為什麼要

創業？

　　不管你今天選擇創業或者當個員工，在未來數位時代裡，一定要好好想清楚自己的價值在哪裡。很多人創業才發現，原來以前大公司的名片很好用，別人看的是你的職稱和公司名稱，才和你交朋友或做生意，但有天你創業後，才會發現，原來當初自己的想法真的很天真，剝去了大公司華麗的頭銜與職位，別人看你的眼光就不同了。其實創業就像是搭舞台，當站在舞台上的時候，我們只是盡自己的本份，演好自己的角色；但當有一天，你變成搭舞台的那個人，你才會發現，原來這個戲棚還真不好搭，你面臨到的問題也會接踵而來。如果你的創業與價值，有它的生命週期和保鮮期，如果你沒有隨時跟著趨勢和市場做出改變，你非常有可能被市場淘汰。

長線思考讓自己變未來頭家

　　那麼，要怎麼做到長線的規劃與長線思考呢？身在數位時代的我們，所有人都在網路上去做自己的聲量與品牌，無論你有沒有創業的念頭，去做數位資產的鋪陳都是很合理的。創業從 1 開始是一種選擇，從 0 開始累積也是一種選擇，無論哪一種，以後都是數位化的時代，如果要跟上這波浪潮，一定要讓自己在數位上的識別度更高，讓更多人可以瞭解你，也才有更多的收入來源與知識累積。或許某一天你可以賣掉原有的數位資產，也可以透過累積的數位資產變現。

　　無論是經營、賣掉或是買入數位資產，這些都是長線思考的方式。即使是自己的 Instagram 帳號，用心經營養成一群專精受眾，這也是一項數位資產，也就是一個知識的累積，即使這個數位資產較為私人，但在網路上仍然是個人重要的數位資產。

　　網路是沒有國界的，一筆買賣可以賣到全世界、不會有時間限制，如果你只是要經營數位資產，那你不需要像經營實體店面想那麼多，內容與知識就是數位資產最主要的裝潢。從數位資產的特點去思考未來數位這條路的可能性，這是數

位很迷人的地方。可能以前大家會覺得網路的發展與我無關，但當手機也能上網，什麼資訊都可以透過一支手機獲得解答，這就是全球數位化迭代的過程，懂得讓自己在數位環境上占有一席之地，就有機會成為未來頭家。

數位資產的未來經營，不只看數位資產本身的價值，同時也要看到這項數位資產背後的這群人，如何可以藉由這項數位資產善加導流，在數位資產的長線思考上？回到上一章最後提到的三個觀念，一定去思考**影響力、變現能力、維護力**這三件事，其中，維護力的思考尤其重要，因為這關係到長期經營上能否良好地去維護這項數位資產。

▮▮ 數位資產的長線思考

在經營數位資產時認識到很多大型內容農場老闆，這些老闆之所以能握有眾多粉絲團，除了主要獲利來源是流量與廣告外，手上一定要有固定的粉絲團或粉絲數才會有固定的廣告收益，這是內容農場的輪廓，持續握有一定數量的數位資產做到長線思考。如果談到電商，多數也是想要更多的管道去販售商品，甚至讓商品更多元化，只要更多元化就可能讓會員整體的訂單量更高，會員產生的價值與變現能力就會更高，這樣也是長線思考經營數位資產的方式。

看到這裡，你也可以想一想現今自己有哪些數位資產？可以怎麼樣去做規劃與布局？數位資產的布局有一種是買很

多粉絲團養粉絲，有些人看到哪裡缺什麼就去補，也有些人是看到自己喜歡的東西就去購買，縱然購買動機不大相同，但這些數位資產都是有長線經營的必要。

以我的經驗來說，數位資產的長線思考通常會考慮到對經營者五年後或十年後的價值在哪裡？有些人創業是希望五年後可以有更好的生活，十年後是上市上櫃公司等，在經營數位資產上，可能一開始看到的並不是品牌長遠的經營思維，而是如何憑藉著數位資產的管道去做長遠經營。長線思考可以讓自己的未來願景更清晰，從五年後、十年後的布局去做連貫，然後依憑這個願景去做知識與內容的產出，這是長線思考最重要的手法。

在數位資產的長線思考上，我們可以分做幾個階段去做。在創業的第一個階段，**要先去瞭解自己能經營的數位資產與能創業的項目**；第二個階段，**可以嘗試著找到別人已經經營的內容去做併購**，或是從 0 開始經營個人數位資產；第三個階段，**則可以開始思考如何做到變現能力**，並把數位資產經營得更有聲有色；最後，**需要做到大量累積網路聲量**，把數位資產的價值持續提升，持續維護內容，讓數位資產不會快速地被競爭淘汰，如此一來，它就有機會變成幫你賺錢的小金雞母。

回過頭來，還是要看自己想要經營怎麼樣的數位資產與創業，可能有些人以興趣創業可以做得很好，有些人以賺錢導向為創業也可以做得很好。首先還是要釐清自己想要在五

年後、十年後如何去連貫手上現有的資源，讓資產變得更有辨識度。縱然長線思考不見得一路順遂，釐清自己的想法還是很重要的。當然還是建議依照自己的興趣去找合適的數位資產，在經營操作上也能更加得心應手，不會得過且過，將興趣結合長線思考，那麼創業之路就成功一半了。

STEP 02 掌控數位就是掌控世界

　　其實數位的變化和迭代是非常恐怖的，過去要溝通需要傳簡訊，一通三元，現在透過 LINE 或 Messenger 這些通訊軟體，反而是免費且更快速地。資訊的迭代讓市場與更多人可以連結在一起。像最一開始的無名小站，只是一個相簿的分享，到現在的 Instagram，不只有相片功能，還有標籤功能、定位打卡功能。數位的變化是很快的，隨時都會有新的東西冒出來，隨時都會有創業的機會，全世界每年都有無數個數位的創業項目，每個人都想在數位時代成為下一個馬克·祖克伯，所以在數位時代的我們，只要有更多的想像去創造不同的可能，就掌握住了下一個世代可以掌控世界的門票。

　　如今，已經有很多企業走向數位，以金融產業來說，銀行數位化正是近期大家熱烈討論的話題，人人都搶著要做數位銀行、做到行動支付、線上辦卡等數位服務。

　　科技服務滲透日常生活，行動支付已有 10 億人使用，現在行動銀行興起，也逐漸撼動傳統銀行業。數位服務改變了民眾的生活，如今，科技終於開始搖撼銀行業。在亞洲，行動支付是超過 10 億使用者的生活方式；在西方，行動銀行

服務已經達到群聚效應，科技巨人也開始跨足此領域。在五年前當我在美國念大學的時候非常喜歡使用 Bank of America（美國銀行）的 Quickpay 功能，只要輸入想匯款人的電話或是 Email，我就直接可以轉帳給對方，這對我來非常便利，也省去很多時間。

另外在美國流行已久的 Venmo，是手機用的小額現金支付平台，如果朋友先付了錢，你只需說一聲 "I will venmo you later." 大家就明白了。 Venmo 這個平台為 P2P[13] 屬性，帳號利用 Facebook 就能夠建立，隨後與電話號碼與銀行的帳號綁定，就能開始使用，非常便利。

近期 Facebook 也發布了密碼貨幣 Libra（天秤座）[14] 的完整白皮書，不止於圈內，諸多主流媒體、科技資訊中也第一時間進行報導。Libra 的規格、技術、市場、組織架構等，在國內外各大網路社群討論；值得注意的是 Facebook 發布的密碼貨幣 Libra 支付將會零門檻。目前 Facebook 已經召集國外百家企業共同營運，銀行數位化將會從原本的銀行主體轉向至傳遞訊息到支付，以後的支付行為用戶都可以擁有想要的隱私保障。

數位化對企業來說是非常重要的，就像 Amazon 併購全食超市，讓超市加入數位元素；沃爾瑪也開始結合線上購物、

註 13　Peer to Peer，去除金融中介的人對人貸款。

註 14　是一種由 Facebook 提出的加密貨幣，計畫於 2020 年發行。

線下提貨的方式讓零售變得數位化，這些都證明了，企業是要一直跟著數位化走的。就像近年來大家會討論的 5G、AI、區塊鏈議題，這些東西的應用都是為了跟上數位化浪潮。

 數位小辭典

5G：第五代行動通訊技術（5th generation mobile networks 或 5th generation wireless systems，簡稱 5G）是最新一代蜂窩行動通訊技術，是 4G（LTE-A、 WiMAX-A）系統後的延伸。5G 的效能目標是高資料速率、減少延遲、節省能源、降低成本、提高系統容量和大規模裝置連接。Release-15 中的 5G 規範的第一階段是為了適應早期的商業部署。Release-16 的第二階段將於 2020 年 4 月完成，作為 IMT-2020技術的候選提交給國際電信聯盟（ITU）。

　　舉例來說，傳統產業已經面臨到一定的瓶頸，需要數位化的轉型，很多時候在與傳產客戶溝通的時候，第一步的想像就是讓品牌在數位管道上的能見度與變現能力變得更高。為什麼傳統產業會一直有想要數位化的思維？如果是以傳統方式做生意，可能是一對一、單向的，但在數位平台上可以是一對多、多向的，只要有良好的管道，可以顛覆原先對傳統產業的想像，甚至取代既有的運行模式。

在經營數位資產顧問的過程中，我們也發現很多上市上櫃公司開始尋找數位化的標的物，因為他們瞭解數位化是未來的浪潮，尋找這樣的標的物也是希望可以直接上手經營，讓品牌本身的數位能力變得更強，有的直接購買數位資產，有的則是希望透過數位管道去將現有的經營做得更好。在數位平台上，可以不親自出門也能接觸世界各地的客戶，就是將品牌的潛在用戶輻射到了全世界。

靠著數位化成功將用戶輻射到全世界的企業，最經典的例子就是 Facebook。它掌握了全球所有社交平台與管道，雖然一開始只是想做一個校園的社群軟體，但後來在數位浪潮的推進下，Facebook 跟上了對的時間點，站穩了全球社群龍頭的角色，這就是一個掌控數位因此掌控世界的例子。Facebook 掌控了數位，並靠著數位找出了很多的可能，如今，Facebook 已經不只是單純的社交媒體，反而可以擴大自己的勢力範圍，成為數位巨頭。因為在數位世界很有趣的是，掌握了多少的流量，就有機會去瞭解這些人的習性，進而做到符合他們需求的服務，這樣的特性，讓 Facebook 在數位時代如虎添翼，賺取大量的資金。

Google 也是掌控數位就掌控世界的例子之一，縱然以搜尋引擎聞名，Google 實際吸引用戶的地方，反而是以眾多的加值服務去做到不同面向的掌控。其中我認為最特別的就是 Google 地圖，這樣的地圖裝置不只帶給人便捷的導航服務，對 Google 來說，也等於是掌控了全世界所有人每天移動

的行蹤，無論是到什麼地方、出國旅遊、或是到外地出差，Google 地圖用地圖數位化掌控了全世界。

STEP

03 數位資產變現的環節

　　從前面兩篇的例子我們知道，掌握數位就掌握了世界，Facebook 和 Google 在全世界的足跡已經遍地開花，擁有大量的數據資料，他們的變現能力自然也相當強大。在變現環節上，Facebook 從原先的社交平台，將數據清洗整理，轉化成可以被廣告商利用的精準標籤，不只掌握了流量、習性，也觀察到用戶在平台上不同的瀏覽行為，找到個人獨特的識別標籤，最後透過廣告投放為平台帶來大量收益，而這樣的獲利在臉書的營利占比也相當可觀。以 2018 年第四季為例，Facebook 的廣告營收占比已經達到 93%，Facebook 掌握了社群營運，靠著數位掌控世界，也藉由龐大的流量分析成功變現。

　　數位資產的變現方式主要有兩種，**一種是擁有數位資產的所有權，透過數位資產包含的資源去做變現；另一種則是在數位資產經營累積到一定的程度後，將數位資產轉讓買賣，達到資產變現。**

　　重申前方所提及的，數位資產的變現環節還是圍繞在前述多次提到的 12 個指標： Traffic 流量、 Acquisition 會員取

得、Activation 產品啟用、Retention 會員留存、Revenue 營收表現、Referral 轉介分享、Content 內容表現、Social Status 社群狀態、Reputation 好名聲、Rating 好評價、Users Behavior（UI ／ UX）使用者體驗和 Users 使用者。

變現數位資產的基本知識還是回到賺錢這件事，所有在購買數位資產的人，首先要看到這項資產能否變現、經營者能否從數位資產中的資源去賺錢或做額外利用，才能決定要投入資金對這項數位資產進行購買。在基礎的變現模式有了之後，才會走到既有會員的經營，做到會員的變現，最後和其他相關事業去做到綜效。

另外，數位資產變現的過程中，品牌聲量或能見度也是很重要的一環。數位資產不只是單純的買賣，而更著重在數位世界裡產生一定的聲量，很多人在買賣數位資產時，不只是看到它的變現能力與價值，而是這樣的東西它的數位聲量高不高，只要是聲量高的數位資產，也是值得入手的。

▌▌▌ Facebook 粉絲團如何買賣變現？

在臺灣，幾乎所有人都高度依賴的 Facebook 平台，就是數位資產買賣的熱區。先從數位資產的粉絲數、社團成員、內容專業度、用戶特徵去衡量數位資產的客觀價值，買賣後，再根據買方想要結合的內容去做一次次細微的轉型經營，讓購買到的 Facebook 數位資產更趨近於品牌要經營的方向，這

樣的作法，讓獨一無二的數位資產得以好好地被經營下去。原先建立起 Facebook 數位資產的賣方可以成功將自己獨特的資產變現，買方則可以延續這項數位資產的特色，並置入自己想要傳達給用戶的內容，透過 Facebook 數位資產的買賣達到共贏。

那麼，如何判斷自己的數位資產可以變現了？Facebook上的粉絲團、社團，有的經營數百人、有的數萬人，這些大小不等的粉絲團與社團，都有自己變現的衡量價值，但是無論評斷的方法是什麼，最主要的指標都脫離不了**粉絲數**與**粉絲精準度**。若在 Facebook 上擁有龐大的粉絲量與精準的粉絲族群，可以幫助數位資產持有者良好地去做到廣告與行銷宣傳，這都是 Facebook 數位資產變現價值的重要依據。

以一個粉絲 5 元為例，幾千個粉絲可獲得上萬元的獲利，所以粉絲數量是數位資產變現的第一重點，再來才是看到粉絲的輪廓。例如，當中有多少臺灣人、習性是什麼？如果粉絲的精準程度高，那麼數位資產可以變現的價格也會相對較高。如果以粉絲團的特性來看，有些是透過直播的方式經營粉團，這類粉絲團就也會獲得許多買家青睞，因為粉絲團本身已經具有銷售買賣的能力。

▋▋ 數位的發展如何布局

身處於數位的世界，每個人都想知道數位的發展方向並

妥善布局，對於數位的變動，觀察風向很重要。可以以網路資訊為切入點，像是多看新聞、多閱讀相關資訊、參考國外案例等，讓自己有更多的時間去發展多面向的知識。在這些資料中，或許你會發現一些新技術的出現，這就是數位資產湧現的關鍵。數位的發展和新技術的發展是呈正相關的。例如，很多企業會用 AI 去解決廣告投放的問題，也會用 AI 去解決客服端問題，甚至有人用 AI 去做飯店管理系統，這些都是數位所產生的技術變遷。新興創業者其實可以透過這些數位知識或這些新技術，來研究新風向能變現的可能性。

另外，數位化的情境與整體零售市場轉向線上，每個企業都開始使用數位化工具輔助原有業務，數位市場份額的擴增也是數位變遷的一環。過去可能手機不能上網，現在從 3G、4G 到 5G，只要擁有一台手機就能做到不同的事情，手機愈來愈多樣化，可以當作相機也能當作電腦，甚至手機以後可能變成每個人個人的象徵。這些過程催生了蝦皮、Instagram、知識 App 等平台的誕生，因此，市場份額的擴增讓數位發展變得快速，創業家在市場份額快速擴增的當下，有機會去找出不同的切入點，去找出數位資產快速變遷的市場。

而創業要抓住對的風向，清楚的風向與布局非常重要。小米的創辦人雷軍就曾經說過：「站在風口上的豬也會飛。」創業一定要講時效，也講求對的風向，布局前一定要熟悉創業的資源。**你有沒有足夠的資源在這個創業上？如果有，可**

以如何分配？是不是購買他人的資產來創業？是不是有人協助你創業？你的能力足夠嗎？需不需請一些專業的人來協助？很多的創業都要在布局前釐清這些問題，把這些問題好好發揮。創業很多時候就像是在賭場賭博，你碰到的莊家是你未知的市場，發牌就像是每次創業的挑戰，如何思考讓一手壞牌變成好牌或是逆轉勝，這些都是布局前一定要知道的事情。

數位發展的起源已經很久，從網路的突破開始，數位經濟底下產出了很多不同的數位資產，網站、網域、App、粉絲專頁、YouTube 帳號等的數位資產，每一個數位資產都有它的特性。談起創業，現在不再只講求單一化，很多實體店的老闆會綜合線上的資產一起宣傳與曝光，很多創業者也開始直接邁向數位化的布局。數位世代就應該要手握數位資產，讓數位資產可以變成最新的創業項目。

很多人提到的 DTC（Direct-To-Consumer），直接面向消者，這已經是將來趨勢。未來的世界已經不會再出現傳統的銷售模式，例如：原廠透過代理商賣東西給經銷商，客人也只能和經銷商購買產品。在數位化的蓬勃發展愈來愈打破地域的限制後，開始有像特斯拉（Tesla）[15] 這樣的品牌出現，顛覆了傳統傳統經銷商的模式，這個 DTC 的銷售模式，成功地直接與消費者溝通，也讓所有的消費者可以直接免除中間人和品牌溝通。

另一個大家比較熟悉的例子，則是科技巨頭 Apple，它

在世界各地建立了自己的 Apple Store，將產品銷售到顧客手中。過去的科技產品，一般來說會先賣給市場當地的代理商，代理商將產品再分發到下游的銷售通路去做販售，Apple Store 直接面對消費者，可以更直接知道消費者的需求與市場反應。上一段提到的特斯拉也是，擺脫汽車在當地市場代理的模式，直接面向消費者，自己掌握消費者的輪廓，這是許多品牌至今看中數位化的方式。

此外，很多傳統品牌或代工廠都在想著如何擁有自己的品牌、掌握更大的籌碼，因為很多代工廠都知道代工無法做一輩子，也有可能會被取代，所以許多代工廠都會希望趕緊做出自己的品牌，讓自己的企業可以一直永續經營，而數位資產和 DTC 的模式，就是最直接建立品牌面對消費者的管道。

註 15　Tesla：特斯拉成立於 2003 年，總部設立在美國加州，是美國最大的電動汽車及太陽能公司，製造電動車、太陽能板及儲能設備。特斯拉汽車公司是世界上第一個採用鋰離子電池的電動車公司。特斯拉 Tesla 汽車集獨特的造型、高效的加速、良好的操控性能與先進的技術為一身，從而使其成為公路上最快且最為節省燃料的車子。特斯拉得名於美國天才物理學家以及電力工程師尼古拉‧特斯拉的姓。

STEP 04 成為翻轉世界的 1%

寫這本書的初衷，是想讓大家瞭解到創業是可以很簡單快速的，如同書名《創業。從 1 開始》，其實世界上有很多方式可以讓經營者不用這麼辛苦來達到創業，而可以透過數位資產買賣的方式來獲得手中的資源與數位資源。數位資產的買賣勢必是將來的趨勢。很多人擁有了具有價值的數位資產卻不自知，我希望在這個浪潮捲起時，你已經準備好衝浪，讓自己在數位平台上更有能見度。

在我擔任數位資產顧問的期間，看到很多人擁有很好的數位資產，但卻不瞭解這些資產能對應出的價值有哪些，這本書的書寫其實也是希望大家知道數位資產的價值，這些都會影響到每個人未來的世界。

身為一個創業者，我希望大家的創業可以考慮在數位化的領域做發展，因為數位化的創業相對來說是低成本、低風險的，數位資產的創業也是可以利用數據去觀察這項創業能否成功，數位的創業勢必比實體的成功率來得高，這也是為什麼希望大家可以多往數位領域走，多看看數位新項目，去做未來的創業方向。

無論是學生或客戶，身為顧問還是希望大家對於數位資產可以更有信心，數位化的交易需要透過不停地嘗試與測試，透過新的方法或新的套路，發揮不同的想像與可能。在數位資產的經營上，可以大膽一點，數位浪潮是不等人的，如何讓自己的事業有新的風貌，大膽嘗試是相當重要的。

　　在擔任顧問接觸到的客戶中，從單純做社團經營、找被動收入的學生，或是想要透過數位資產買賣賺錢、增加商品品項的老闆，這些人都是數位資產買賣者的輪廓，只要你對數位資產躍躍欲試，其實都可以嘗試看看。我之前曾經碰過一位六十多歲的中小企業主，他向我諮詢了電商的買賣標的物，詳聊後才發現，這位企業主是想要購買數位資產來給兒子經營，這個案例打破了原本的想像，其實數位資產的買賣是不分年齡、不分領域的，只要你想在網路上做一番事業或賺取額外收入，每個人都可以是數位資產的經營者。

　　最後，如果你想成為真正出色的創業家，你一定要走進市場、賣東西，嘗嘗遭到拒絕的滋味，學會達成績效目標。創業對於一個人來說，不是你 50% 的生命，而是 100% 的人生，創業是漫長的馬拉松，所以一定要搞清楚你創業的初衷，並堅持自己的初衷，才有勇氣在創業的路上，十年、二十年地堅持下去。

後記

　　這本書的誕生我要感謝主編潔欣，沒有她的耐心督促，這本書應該永遠寫不完；再來我最想感謝的是，曾經下班之後陪我去信義誠品，把每本商業書出版社的連絡信箱抄起來的仙女 Vicky、每天幫我寫稿與改稿的 Evonne、給了我出版社聯絡資訊的大葵、給我出書靈感的黃律師，和一直幫我打氣的 Daisy Choi，沒有你們我就沒有機會出這本書。

　　感謝我的家人，我媽媽和姊姊 Tina，謝謝你們總是這麼支持我做我想做的事情，也讓我在這麼年輕就可以為社會帶來一點小力量。

　　這本書不是只在一個國家完成的，Evonne 在上海幫我寫稿，而我則是回到我讀書的地方，從加州一直寫到紐約、康乃狄克、波士頓。我也要感謝當我在美國流浪時，願意收留我在加州 Playa Vista 寫作的 Ning、Qing，紐澤西 Fort Lee 的 Jackie、Chai，紐約 Long Island City 的 Amy，和陪我在咖啡廳寫作的妳，沒有你們，這本書不會這麼快誕生。

　　意猶未盡者可以到 https://www.kwl.tw，繼續收看我更多的創業與網路數位觀點，如果你對買賣數位資產與活躍網路有很大的興趣，也歡迎直接與我聯繫 kewelin@gmail.com。

最後我想說，因為我想持續為社會做些什麼，所以這本書的版稅我將全額捐贈給家扶基金會，最後在此也代表家扶的兒童們，感謝您的慷慨照顧。

　　　　　　　　　　　　　　　　林克威 2019 年 6 月

DHV0313

從0到1，不靠富爸爸，不用白手起家

創業。從1開始

作　　者—林克威
主　　編—林潔欣
企劃主任—葉蘭芳
封面設計—江儀玲
美術設計—李宜芝

董 事 長—趙政岷
出 版 者—時報文化出版企業股份有限公司
　　　　　10803 台北市和平西路三段 240 號七樓
　　　　　發行專線／（02）2306-6842
　　　　　讀者服務專線／0800-231-705、（02）2304-7103
　　　　　讀者服務傳真／（02）2304-6858
　　　　　郵撥／1934-4724 時報文化出版公司
　　　　　信箱／台北郵政 79 ～ 99 信箱
時報悅讀網— http://www.readingtimes.com.tw
法律顧問—理律法律事務所 陳長文律師、李念祖律師
印　　刷—盈昌印刷股份有限公司
初版一刷— 2019 年 8 月 2 日
定　　價—新臺幣 320 元
（缺頁或破損的書，請寄回更換）

時報文化出版公司成立於一九七五年，
並於一九九九年股票上櫃公開發行，於二〇〇八年脫離中時集團非屬旺中，
以「尊重智慧與創意的文化事業」為信念。

創業。從 1 開始：從 0 到 1，不靠富爸爸，不用白手起家／林克威著. --
初版. -- 臺北市：時報文化, 2019.08
　面；　公分

ISBN 978-957-13-7891-6(平裝)

1. 創業　2. 職場成功法

494.1　　　　　　　　　　　　　　　108011472

ISBN 978-957-13-7891-6
Printed in Taiwan